滨海生态景观营造技术

Coastal Ecological Landscape Construction Technology

谭广文　主编

江苏人民出版社

图书在版编目（CIP）数据

滨海生态景观营造技术 / 谭广文主编. -- 南京 ：江苏人民出版社，2019.10

ISBN 978-7-214-23963-1

Ⅰ. ①滨… Ⅱ. ①谭… Ⅲ. ①景观生态建设－研究－华南地区 Ⅳ. ①X171.4

中国版本图书馆CIP数据核字(2019)第209808号

书　　名　滨海生态景观营造技术

主　　编　谭广文
项目策划　凤凰空间／段建姣
责任编辑　刘　焱
特约编辑　段建姣
出版发行　江苏人民出版社
出版社地址　南京市湖南路A楼，邮编：210009
出版社网址　http：//www.jspph.com
总 经 销　天津凤凰空间文化传媒有限公司
总经销网址　http：//www.ifengspace.cn
印　　刷　北京博海升彩色印刷有限公司
开　　本　710 mm×1 000 mm　1／16
印　　张　12.5
版　　次　2019年10月第1版　2024年4月第2次印刷
标准书号　ISBN 978-7-214-23963-1
定　　价　88.00元

序言
Preface

收到谭广文先生主编的《滨海生态景观营造技术》书稿，十分高兴。这位长期在广州园林系统工作的年轻人，多年来和我保持联系。如今他也步入中年，成长为广州普邦园林股份有限公司的副总裁。他的进步和业绩正是改革开放的一个缩影，而活跃在园林战线的这一代人，也已经展现出了强烈的担当和自信。

我国大约有 16000 千米的海岸线，作为陆地和海洋相连的特定环境，滨海地区已经成为一个极其重要的生态系统。我在国务院参事室专门参加了和国家海洋局联合组织的沿海地区开发调研，并形成报告提交国务院。了解到改革开放以来，我国滨海建设在取得巨大成就的同时，由于过度开发也带来了对自然生态的伤害。沿海生态及其景观作为系统的一个环节，肩负着重要的生态功能和资源可持续利用的现实意义。

本书的内容立足于华南滨海生态景观的建设现状，从实践出发论述了滨海生态景观营造技术，包括从基础理论到植物选择与配置、盐碱地改良的施工要点以及生物多样性研究和精细化养护管理，在实践中解决滨海景观合理的营造体系，具有很好的指导意义。同时，这些研究成果和国务院参事室、国家海洋局了解到的我国沿海地区开发的现状具有相同和相关的视野，对于沿海生态景观的设计施工和行业指导是一部值得学习借鉴的好书。这也说明我国沿海生态景观是一个大课题，它不仅引起了园林人的关注，也包括各相关学科与专业，从不同的角度给予更加宏观的认识和总结。也就是说，海岸线不仅属于园林人的，也是国家自然、生态、地理、经济发展和环境优化的多种学科全面完成的综合体。这个大课题通过多学科全方位的综合认识，正在逐步在观点上取得大的共识。

人与自然和谐共生建设生态文明是中华民族永续发展的千年大计，要像对待生命一样对待生态环境。随着经济的快速发展，大部分的海岸线都已经不同程度的在开发建设中受到过度人工化的改变，滨海生态景观建设在一片争议声中也基本定型。这其中有不少成功的先例，也有值得商榷、改善甚至被否定的争论。本书所列举的案例也将会在基本肯定的前提下引起业界的关注和争鸣。

让我们共同期待在新时代中国特色社会主义的伟大实践中，结合沿海地区全面的人工的和自然的生态修复以及物种多样化的实践，去寻找更加实事求是的解决方案。本书将在新时代、新思考、新发展中受到关注，这本身就是一个重大胜利。感谢各位编者为此付出的劳动。

刘秀霞

2019年8月

前言
Foreword

改革开放以来，沿海城市以其独特的地理优势得到了快速发展，滨海景观也一度成为沿海城市的景观名片，以海岸带、海岛及滨海景观资源为依托的旅游业发展迅速，成为沿海地区产业构成的重要部分。

近年来，为促进沿海城市产业转型，建设生态环境友好型社会，促进滨海旅游产业升级，我国沿海城市在尊重自然、环境优先的前提下，加大对城市特色资源的调查和分析，发展滨海环境建设，打造海滨公园、海滨湿地、十里银滩、海湾度假区、海滨观光带等滨海景观，给城市带来发展契机。但随着开发项目的盲目投入，自然资源消耗急剧加快，引发了滨海环境恶化、红树林消失、湿地缩减、生物多样性下降等一系列生态退化问题，威胁到滨海地区经济的可持续发展。如何在保护生态环境、促进滨海资源可持续发展的前提下进行滨海生态景观营造，是当前园林行业需要解决的问题。

华南滨海地区日照时间长，降水季节分布不均，土地盐渍化，土壤板结，常年受台风及盐雾等自然灾害影响，严重制约了滨海地区生态景观建设与发展。而随着城市化进程的不断加快、旅游建设规划的不断深入，滨海地区的建设和发展日新月异，海陆交界区域的生态景观营造与恢复已成为滨海地区环境建设的重中之重。以往采取的“先土建再造景”的开发建设模式已明显不能适应现代发展，造成了前期投入大、后期养护成本高、变相生态掠夺、可持续性差等问题。本研究以生态学为基础，结合滨海景观的区域特色及发展规划，针对广东滨海地区特殊自然环境及生态景观营造中面临的技术难题，进行系统的营造技术研究与产业化实践，对充分发掘和营造滨海景观地域特色及保护滨海自然资源、促进可持续开发建设具有重要的指导意义。

本书以科研建设项目“广东省人居生态园林工程技术研究中心”（编号：2013B07070482）、“广州市生态园林技术研究企业重点实验室”课题（编号：2014SY000010）为依托，系统地分析了现阶段华南滨海生态景观营造中存在的问题，结合华南滨海地区特殊的自然生态环境，从景观设计原则、植物选择、植物配置、土壤改良、乔木移植及养护管理等方面总结了一套华南滨海生态景观营造技术，供园林行业业内人士参考，以期为华南滨海地区生态环境改善和生态景观建设提供技术支持。

全书共分为5个章节，技术与案例相结合，详细论述了滨海地区生态景观的营造技术。第一章介绍了生态景观的相关概念与内涵，奠定了生态景观的理论基础；第二章从植物的选择与配置原则、滨海地区适宜植物筛选和群落配置模式等方面进行了详细介绍；第三章介绍了滨海盐碱土改良技术及施工要点；第四章详述了滨海地区乔木的种植技术；第五章介绍了滨海地区的景观精细化养护技术。本书在编写的过程中，得到新民网、新华网等单位的大力支持，在此致以衷心感谢！希望本书能给广大园林从业者提供参考，成为滨海景观项目设计施工的帮手。

编者

2019年5月

目录 CONTENTS

1

概论
Introduction

2

植物选择与配置
Plant Selection and Configuration

土壤改良
Soil Improvement

4

滨海乔木移植
Coastal Tree Transplant

养护管理

Maintenance Management

1 概论

Introduction

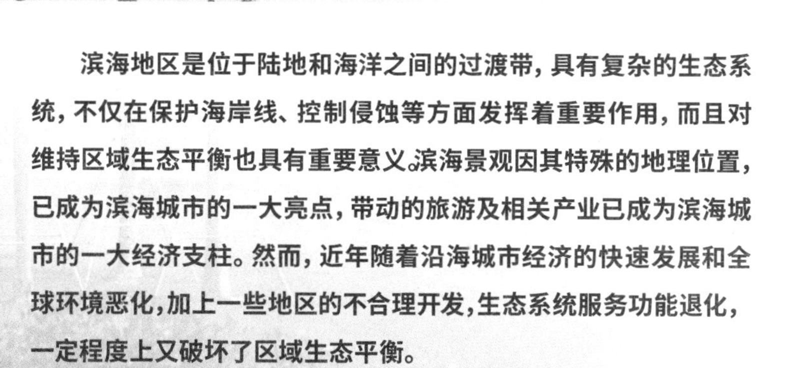

滨海地区是位于陆地和海洋之间的过渡带，具有复杂的生态系统，不仅在保护海岸线、控制侵蚀等方面发挥着重要作用，而且对维持区域生态平衡也具有重要意义。滨海景观因其特殊的地理位置，已成为滨海城市的一大亮点，带动的旅游及相关产业已成为滨海城市的一大经济支柱。然而，近年随着沿海城市经济的快速发展和全球环境恶化，加上一些地区的不合理开发，生态系统服务功能退化，一定程度上又破坏了区域生态平衡。

国内外学者已在滨海景观设计、植物选择等方面开展了相关研究，但是针对滨海地区亟待解决的问题，特别是土壤盐碱化、植被覆盖率低、园林绿化质量差等问题，在植物抗性、选择配置、土壤修复及种植管养等方面的理论与技术明显滞后。本章将对滨海及滨海生态景观的基础知识、地域特点及滨海生态景观营造的意义等方面进行概述。

（一）滨海生态景观内涵

滨海作为沿海一带区域的总称，由水域、海岸线、陆域三部分组成。本书所指的滨海生态景观是以景观生态学、风景园林学和城市规划的理念，规划和设计景观空间单元或景观空间组合，是基于滨海地域特色的景观生态规划产物，不仅具有一定的美学价值，而且符合生态原理，最大限度地减少人工干扰对滨海地区及周边环境的影响。

1. 生态景观特征

城市作为一个复杂的社会、经济、自然复合生态系统，由各种构成要素共同作用，形成具有地域特色的人居环境，而一个人居环境舒适的城市，其生态景观一般具备以下几个特性。

(1) 和谐性

生态景观追求一切生命的和谐共存关系，包括外形、结构和功能的和谐，也包括历史与现在、局部与区域、自然和人文的和谐。

(2) 整体性

生态城市是兼顾不同时空的人类住区，通过合理配置资源，实现社会、经济和环境的整体效益。生态景观具有地理、水文、生态系统及文化传统的空间及时间连续性、完整性和一致性，强调人类与自然系统在一定时空整体协调的新秩序下寻求发展。

(3) 多样性

多样性是生物圈特有的生态现象。与一般工业城市相比，生态城市具有鲜明的多样性， 包括生物多样性、文化多样性、景观多样性、空间多样性等更广泛的内容。

(4) 安全可持续性

生态景观在城市的气候、地形、资源供给、环境健康方面具有很强的安全性，为城市提供安宁祥和的环境，同时具有生态、社会和经济方面的可持续性。城市生态景观始终遵循生态系统的系统性和动态性，为生物多样性和环境可持续性提供保障。

2. 滨海生态景观功能

滨海生态景观主要是指滨海城市水陆衔接地带在一定范围内形成的生态景观，即运用景观的构成要素，通过调节环境、植物选配等方法营造具有审美视觉艺术、生态和人文的景观，满足人们在物质和精神方面的综合需求。

(1) 生态效益

滨海景观的生态效益主要表现为两个方面，一方面提升城市生态品质，景观植物有助于滨海城市形成连续的绿色纽带，提升城市绿地综合品质；另一方面保障沿海城市生态安全，稳固岸堤、预防水土流失、改善水质、丰富物种多样性，保证滨海绿地的可持续发展，对沿海城市生态安全起到保障作用。

(2) 社会效益

良好的滨海城市生态景观作为一张优

质的城市名片，通过专门的规划研究，使城市的历史传统、地方特色与自然环境有机融合，造就一座城市标志性的临水游览区域，形成更强的社会文化价值体系。

(3) 经济效益

滨海景观是集娱乐、休闲、观光、旅游为一体的空间地带，日益受到人们的热爱和追捧。就其开放型空间本身而言，能带动人们的玩乐兴致，从而促进消费，拉动经济增长，带来更多的就业岗位。如海南三亚，就凭借其鲜明的地域特色和独特的滨海生态景观，打造出国际标准的海岛休闲胜地，为海南的旅游业带来了意想不到的经济效益。

（二）滨海地区生态环境概况

从生态学角度讲，滨海地区是海域和陆地生态系统、自然和人文生态系统相互影响的生态交错带。我国滨海地区范围较广，包括直接与海洋相邻的地域及沿海大中城市，大陆海岸线长达16 134.9km,涉及12个省、市、自治区的200多个县市和30多个大中城市，以及港澳地区。

1. 气候特点

我国沿海地区南北跨度大，拥有温带、亚热带和热带季风气候三个气候带，大部分岸段冬暖夏凉，雨量充沛。华南滨海地区介于北纬20° 09′～28° 22′、经度104° 28′～120° 43′之间，气候特点为长夏无冬、高温多湿、雨量丰沛，易有大风暴雨天气，且太阳辐射强烈。另外，受热带季风和热带气旋的影响，本区台风、旱涝和冰雹等灾害性天气频繁发生。

2. 土壤特点

我国沿海地带受季风气候、降雨量、气温变化、成土母质以及人类活动的影响，土壤类型呈现地带性分布特征，由北向南依次为棕壤、褐土、黄红壤、红壤、砖红壤。另外，在海岸带分布的非地带性土壤有盐土、滨海沙土、沼泽土、草甸土、潮土及水稻土等，其中华南滨海地区土壤类型主要有赤红壤、红壤、水稻土、砖红壤及盐土、滨海沙土等非地带性土壤。

3. 动植物资源

我国滨海地区是一个多功能、多界面、多过程的生态系统，自然条件复杂，动植物资源丰富，开发利用潜力也很大。

(1) 滨海植物

滨海植物包括海滩植物、沙滩植物和基岩海岸植物，由于其特殊的生境条件，一

华南滨海地区主要土壤类型

土壤类型	性状	植物类型	分布地区
赤红壤	酸性较强，侵蚀严重，土体薄，林木立地条件差，植物养分贫瘠	马尾松林和灌丛地	广东南部、广西南部和福建南部
红壤	土壤酸性强，土质黏重	亚热带常绿林及次生灌丛	我国广东、广西、福建、台湾等地区分布最广
水稻土	盐基饱和度较高，中性，肥力较高	稗草、芦苇等	主要分布在沿海三角洲平原、河谷阶地和有灌溉条件的台、阶地
砖红壤	呈强酸性，经长期淋溶剥蚀，有机质含量低，土层浅薄	稀疏的马尾松和鹧鸪草等组成的低矮灌草丛为主	广东、广西沿海及海南岛的丘陵、台地均有分布
滨海盐土	土壤质地黏重，呈酸性，有机质含量中等	光地或少量盐生植物	在沿海各省、自治区、直辖市均有分布
滨海沙土	土质松散，无保水、保肥能力	以厚藤、仙人掌、白毛等沙生植物为主	主要分布于海岸线的沙岸地段，广东及海南西南部等地较多

般具有抗旱、耐盐碱的特性。当前，全世界盐生植物已超过 1 560 种，仅中国就有 500 多种，其中大部分蕴藏在海岸带。华南滨海地区常见植物大致可分为三类，分别是海岸滩涂常见植物、沙滩常见植物和基岩海岸常见植物。

①海岸滩涂常见植物。海滩也称为淤泥质海岸，该地带多潮汐，具有盐碱特性，植物以耐盐碱、耐涝和抗潮为主。常见种类有乔木类的南洋杉、海枣、朴树、台湾相思、高山榕、黄槿等，灌木类的露兜、相思子、红海榄、老鼠簕等，草本类的海刀豆、鱼藤、狗牙根、厚藤等。

②沙滩常见植物。沙滩土壤贫瘠、多砂石、含盐量高，适生植物一般具备耐贫瘠、耐旱、抗风等特点。常见植物有乔木类的银合欢、

红海榄

老鼠簕

苦郎树

白千层

匐枝栓果菊

草海桐

乌桕、湿地松、高山榕、木麻黄、水黄皮、加拿利海枣、刺葵等，灌木类的苦郎树、海葡萄、麻疯树、单叶蔓荆、夹竹桃、仙人掌、刺果苏木等，草本类的狗牙根、匐枝栓果菊、海马齿、海刀豆、番杏、厚藤等。

③基岩海岸常见植物。基岩海岸又称岩岸，是以海蚀地貌为主的景观形态，该地带土壤贫瘠、含盐量高，植物多具备耐盐、耐贫瘠、耐风和抗旱的特性。常见植物主要有乔木类的柽柳、水黄皮、加拿利海枣、海杧果、白千层、乌桕、大叶合欢等，灌木类的马甲子、芙蓉菊、草海桐、海滨木槿、五色梅等，草本类的海芋、文殊兰、中华补血草、狗牙根、番杏、单叶蔓荆等。

(2) 滨海动物

滨海动物又称为浅海区生物，包括许多幼龄期的鱼类，还有不少贝壳类生物和虾、蟹等，同时也有许多水鸟，例如海鸥、白鹭等。

栖息于基岩海岸的生物大多为附着能力较强的种类，比如滨螺、海蟑螂、牡蛎等。沙滩动物一般体短，具有发达的足，具备掘穴能力。生活在海滩上的动物多为食底泥动物和食悬浮物动物，食底泥动物有多毛类的沙蚕，食悬浮物的动物有蛤类、甲壳类等。

4. 常见自然灾害

在全球气候变暖和不断加快的城市化进程影响下，我国滨海城市受到自然灾害的影响越来越频繁，造成的损失也越来越大。对滨海城市威胁较大的自然灾害有台风、风暴潮及洪涝灾害、海平面上升等。

(1) 台风灾害

我国处于西北太平洋风暴盆地西北缘，是世界上台风发生最频繁的地区，每年孕育台风的数量约占全球总数的 1/3。伴随台风而来的狂风、暴雨、海水倒灌，对城市建筑、园林绿化树木、城市公共基础设施造成了巨大破坏，给人们的生命财产安全造成巨大损失。其中园林绿化树木最容易受到影响，每当台风过境，倒伏折断成千上万，造成巨大经济损失，同时堵塞交通，影响救援。

风暴潮又称为气象海啸，是由大气扰动热带气旋等引起的区域海面异常升降现象，同时还伴有大风大浪、潮位急剧升高的过程，导致码头受冲击、航标损坏等损失，严重的还会引发土地淹没、海滩侵蚀、房屋毁坏等，是一种对滨海城市威胁较大、破坏威力极强的自然灾害。

(2) 洪涝灾害

滨海城市受到台风影响，往往会造成狂

台风“山竹”登陆广州，致市区大树横倒

台风“莎莉嘉”登陆引发风暴潮

风暴潮破坏后的烟台滨海广场

风暴雨及沿岸的潮水大涨，十分容易形成严重的洪涝灾害。例如，在 2013—2016 年间，受台风、暴雨影响，福建省福州市曾出现 5 次严重内涝，发生多起山洪灾害，受灾人口达 20 多万，直接经济损失达 150 多亿元。

(3) 海平面上升

海平面上升是全球气候变化的重要表现形式之一，是长期性和缓发性的海洋灾害，不但加大近海低地和岛屿淹没的风险，而且不同程度加重风暴潮、海岸侵蚀和土壤盐渍化、洪涝等灾害的致灾程度，已成为制约沿海地区经济和社会发展的主要灾害之一。据《2016 年中国海平面公报》数据显示，近 30 年来，我国沿海海平面总体呈波动上升趋势，上升速率为 3.2mm/a，高于同期全球平均水平。

广东省惠州市白花镇洪涝灾害现场

（三）滨海生态景观营造

随着当今世界信息、文化、科技等领域交流的不断扩大，滨海景观的提升改造大量运用了新的技术、工艺、材料和设计理念，极大地促进了滨海城市更新的进程和步伐。我国滨海地区大尺度的开发建设正在全国范围内进行，在这个过程中，依然存在着很多问题,比如对滨海自然景观要素的漠视等。滨海城市景观正在逐渐失去地域性、文化性的特色,这与我国提倡生态文明的理念相悖。因此，对滨海地区进行规范化、特色化的开发建设必须引起高度的重视。

本书的研究对象为华南滨海地区的园林景观，具有一定的地域性，旨在针对华南滨海生态景观营造过程中存在的问题，通过对现状的分析，归纳营造的一般性原则，探索如何从植物配置、土壤改良、乔木移植以及养护管理等关键环节提升滨海生态景观，具有一定的借鉴意义。

广东海陵岛保利银滩滨海植物景观

1. 滨海生态景观现状

城市滨海区作为最具活力的潜力区域，基于滨海景观营造的特色旅游业，对促进沿海地区经济发展、提高人民生活质量、带动经济创新具有十分重要的意义。然而，随着滨海旅游业的发展，仍然存在不合理的开发利用，致使环境景观特质的发展受到影响和制约。

（1）未考虑植物适应性

滨海地区气候土壤等环境特殊，在海边

种植的园林植物必须具备耐盐碱、耐水湿、耐瘠薄、抗风沙、较耐旱、根系发达、易成活等特点。据调查发现，很多地区照搬内陆植物营造滨海景观的现象普遍，多数种类易遭受盐害，景观效果不持久，管理成本高。滨海地区景观营造应根据土壤和气候特点，运用合理的评价和筛选标准，优选适合该地区生长的观赏植物，才能发挥良好效益，营建滨海特色景观。

（2）植物种类单一

滨海地区应用的园林绿化植物种类较少，容易造成景观单调、植物色彩及生态功能相对单一。目前，以华南地区为例，虽然专家对滨海地区耐盐碱植物进行了调查筛选，并提出了应用方法，但尚未形成植物资源供给的产业链，部分乡土植物仍然缺乏大规模生产。

灰莉受滨海盐雾侵害后的表现

广东海陵岛滨海成片生长的厚藤

（3）植物配置不合理

所谓植物配置，就是处理好植物与各景观要素之间的关系，而滨海景观的植物配置极其特殊，有很多方面需要综合考虑。目前，大部分滨海地区的绿化植物配置忽略了生态性原理，存在结构单一、生态功能差、维护费用高的问题，过分强调短期效果而忽略了长期规划。如华南滨海地区以木麻黄为主的沿海防护林，虽然发挥了巨大的生态效益，但由于群落结构单一、林分质量低导致林地稳定性差、林地保护功能弱等问题出现。现在广泛采用的“模纹 + 草坪”的种植模式，则缺少复层种植，群落结构单一、草坪面积过大，后期维护费用较高，浪费水资源。部分滨海项目过于追求景观速成，大量进行植

海南省琼海市博鳌中信三江口滨海植物群落单一

深圳前海景观树木台风灾后情况

物堆砌，没有考虑到植物的生长速度和生长量，没有给植物预留足够的生长空间。

（4）受台风等自然灾害影响严重

中国地处北太平洋西岸，是遭受台风灾害最严重的国家之一，滨海城市已经成为我国受自然灾害影响较大的区域，给该地区生态景观营造带来了更大的挑战。台风对滨海绿化景观的影响是毁灭性的，据统计，2017年遭台风“天鸽”“帕卡”袭击后，珠海市城区范围树木倒伏超过60万株，江门市树木倒伏10万余棵,佛山市树木倒伏约2 200棵、树木折断约1 300棵。2018年的台风“山竹”让广州在短短两天时间内倒伏树木7 000多棵，深圳发现树木倒伏11 680棵。

深圳前海景观树木台风灾后情况

2. 滨海生态景观营造的意义

生态建设是现代城市建设的科学依据和技术手段，既可为人类可持续发展创造良

深圳前海景观树木台风灾后情况

好的人居环境，也是保障城市环境与自然环境、人类活动与生存空间和谐统一的必要方式，特别是滨海地区，随着开发建设力度加大，已出现诸如海岸侵蚀、原生境破坏严重等问题。因此，滨海生态景观营造为沿海城市生态规划提出了持续发展的可行之路，是社会、自然与人和谐发展的需要。

①以景观生态学理论为基础，通过定性、定量分析，能够更加量化地评价分析滨海地区的景观现状，总结现存问题，并加以改善。

②运用相关理论，对滨海地区进行生态规划和景观营造，合理优化滨海绿地系统大环境，保护滨海景观资源，实现滨海城市的可持续发展。

③通过对滨海地区系统的景观营造，探寻一种适合华南滨海区域生态景观发展的模式，为其他相关滨海城市的景观营造提供一定的借鉴和指导。

3. 滨海生态景观营造原则

近年来，随着滨海旅游业发展，独具特色的滨海景观成为区域规划的重要内容，因而提升滨海生态景观营造技术就变得越来越重要。滨海景观应该是自然的鬼斧神工与人类精雕细琢的完美结合，在进行地形设计时，全程融入当地地形、地貌的特色，结合自然条件创造出变化丰富、地域特征明显的滨海景观。

华南滨海地理位置特殊，受台风及盐雾影响较大，适宜的植物种类较少，景观效果较为单一，外来植物种类也常常水土不服，加大了景观营造成本。基于此，华南滨海生态景观营造的目标是严格遵循“因地制宜，适地适树”的原则，筛选适宜滨海环境的植物，采用生态低影响的施工技术，实现可持续生态景观。

（1）可行性原则

滨海生态景观营造的可行性主要包括两个方面，即环境的可行性和技术层面的可实施性。环境的可行性是指滨海景观的营造是否以环境保护为前提，对环境具有改善作用，不破坏环境，不带来次生污染。技术层面的可行性是指设计合理，施工可行，工艺技术成熟。

（2）规划先行的原则

针对滨海独特的地域特征，做好景观规划，做到科学规划、合理论证，将景观项目风险降到最低。滨海区易发台风、暴雨等多种常见自然灾害，特别需要做好滨海防灾预警和紧急避难疏散规划，将灾害降到最低。

（3）生态性与景观性相结合的原则

滨海生态景观营造应以尊重自然为前提，以生态理念指导人工景观营造，实现生态效益可持续发展。同时，在保护自然岸线的前提下，进行景观营造时要结合当地文化特色，提升景观效果，形成独具特色的滨海景观，避免千篇一律。

（4）可持续性原则

构建稳定的华南滨海生态系统是区域可持续发展的必然要求。植物作为滨海景观的主体，具有生命的动态性，景观效果也随之演变。营造滨海植物良性生境，以实现滨海景观的多元化可持续发展，达到生态系统的良性循环。

2 植物选择与配置

Plant Selection and Configuration

滨海地区生境特殊，受土壤含盐量大、沙化和强风等自然因素影响，植物群落生长缓慢且多样性较低。我国华南滨海地区植物资源丰富，对于保护生态环境、丰富滨海植物品种、形成滨海植物景观等方面具有重要意义。通过实地调查，对华南滨海地区现状进行了解，是滨海生态景观营造的第一步。本章将从园林植物选择和配置的角度，介绍如何科学、合理地营造滨海地区植物景观。

（一）滨海地区园林植物选择与配置原则

1. 华南滨海地区园林植物选择原则

观赏性强、生长良好的绿化植物是影响滨海地区整体环境质量的重要因素，华南滨海园林植物应当依据滨海特殊生境、结合植物本身习性进行选择，并要适应当地气候特点。

（1）耐盐能力强

盐害会造成植物生理脱水，使耐受能力低的植物枯萎死亡，耐盐能力是筛选滨海植物的首要因素。当土壤表层含盐量大于0.6%时，多数植物不能生长；当土壤表层含盐量超过1%时，华南滨海地区主要生长的是红树林。

（2）抗旱、耐涝能力强

滨海地区的雨量主要集中在夏季，易产生洪涝灾害。滨海地区土壤含沙量较大、结构松散、易干旱，强风也加速了植物体表的水分蒸发，使植物容易缺水，因此需要选择抗旱、耐涝的植物。

（3）抗风能力强

滨海地区具有长期强风的特殊气候，容易导致树木倒伏、枝条损伤，带来的盐尘、盐雾也会造成植物生理性缺水。应选择具有矮小、粗壮、树冠受风面小、根系深、匍匐生长、易萌蘖等特征的抗风树种，如单叶蔓荆、海刀豆、棕榈科植物等。

（4）适应性强且易繁殖

优先选择分布范围较广、生境多样性较高的植物，这类植物通常适应性强、生长迅速且易繁殖，移栽成活后可快速形成较为稳定的群落，覆盖地面。

（5）观赏价值高

滨海植物除了防风固沙的功能以外，更是滨海地区旅游风光的重要构景元素。春花、夏阴、秋实的变化美，植物色彩、形态、轮廓紧密结合的意象美，构成了滨海景观的整体风貌。

（6）地方特色突出

植物景观的地方特色一般通过乡土树种来体现，乡土植物已经适应了滨海地区恶劣的气候条件，繁殖和传播潜力较大，更易于与已有的景观群落相结合，如华南滨海地区棕榈科植物营造的地域性热带风情景观、红树植物营造的红树林景观等。乡土植物一般生长在当地，能节约造景时的运输成本，也比较容易获得，应优先考虑。

（7）其他

包括耐修剪、抗病虫害的能力，具有一定经济附加值等。

2. 华南滨海地区植物景观配置原则

园林景观营造应根据植物生态习性和园林布局要求，合理配置各种植物，以发挥它们的园林功能和观赏特性。华南滨海地区生境特殊，在植物配置上应与一般城市园林景区分开，更加强调“因地制宜，适地适树”。

（1）科学性

即要从土壤、水分、温度、光照等方面对场地进行充分调查，选择最适宜的植物。科学性还体现在对未来植物景观的生长和发展的预判，既要考虑到此时植物景观的效果，又要给植物的生长留有空间。

（2）艺术性

在植物配置中通过颜色、种类或者布置手法使植物的类别、形态、色彩等存在一定差异，但是差异又统一在整体的联系之中，植物景观既生动鲜明，又不过分突出，富于节奏与韵律；在色彩、质地、体量等方面取得平衡，整体效果和谐自然。

（3）生态性

滨海地区植物的生态效益表现在防风、调节温度和湿度、改善土壤条件等方面，关键在于遵循一定的自然规律进行近自然植物群落设计，在满足绿化效果的同时，实现植物最大的生态效益。

（4）经济性

节约成本，以最少的投入获得最大的生态社会效益，是植物配置中需要遵循的经济性原则。充分运用养护粗放的乡土树种、节水耐旱的园林观赏植物、减少草坪的运用等方式，降低购买成本和养护成本，这是未来滨海城市园林建设发展的趋势。

（二）华南滨海地区园林植物评价筛选

1. 华南滨海地区园林植物评价体系建立及筛选

层次分析法（Analytic Hierarchy Process，简称 AHP）是指将与目标相关的各种因素梳理、分解成多个层次，并在此基础上进行定量分析和定性分析的一种分析方法。在植物评价研究中，层次分析法较广泛运用于城市居住区环境研究、城市森林、公园调查研究等方面。

（1）分层结构模型的建立

为了使评价结果科学、严谨，通过查阅相关文献以及前期调研，与相关行业专家、滨海绿化项目工程师进行沟通交流，结合主成分分析法，笔者从华南滨海园林植物的多个影响要素中确定了 14 个评价指标，并建立了以下评价模型，主要从生态适应性、生长环境的需求、观赏与应用价值以及种植与养护四大方面进行全面、系统、客观、准确的评价。

（2）评价标准的确定

调查滨海园林植物相关数据，结合前人研究成果和相关专家意见，将以上 14 个指标划分成 3 个等级，并通过 5 分制赋值将其量化。

华南滨海园林植物综合评价标准

目标层	准则层	因子层	因子层评价标准
滨海植物评价	B1 生态适应性	C1 耐盐碱性	· 植物能在盐碱度大于 0.45% 的盐碱地正常生长； · 植物能在盐碱度为 0.25% ~ 0.45% 的盐碱地正常生长； · 植物能在盐碱度为 0.1% ~ 0.25% 的盐碱地正常生长
		C2 耐旱性能	· 植物能在重度干旱（土壤相对湿度小于 36%）的地方生长； · 植物能在中度干旱（土壤相对湿度在 36% ~46%）的地方生长； · 植物能在轻度干旱（土壤相对湿度在 46% ~55%）的地方生长
		C3 耐贫瘠性	· 植物能在重度贫瘠的地方生长； · 植物能在中度贫瘠的地方生长； · 植物能在轻度贫瘠的地方生长
		C4 抗风能力	· 主干无明显倾斜，枝条无掉落，树叶、枝干生长挺拔有力，状态良好； · 主干轻微倾斜，枝干出现断枝、断梢，树干与水平垂直线的角度小于 15°； · 主干明显倾斜，主干出现大量断枝、断梢，树干与水平垂直线的角度大于 15°
		C5 抗虫能力	· 无虫害； · 危害小，单点发生； · 危害大，多点发生
	B2 生长环境需求	C6 土壤类型	· 能生长于岩石、土壤含沙量大、土壤板结、含有建筑垃圾（块石）等固体材料的土壤中； · 只能生长于普通土壤，含沙量正常，无板结现象； · 只能生于肥沃、松软黑壤，且土壤保水性能好的土壤中
		C7 生长位置	· 在距离海岸线 100m 以内有生长； · 在距离海岸线 101~200m 皆有生长，在 100m 内无生长； · 仅生长于距离海岸线 201~500m 之间
		C8 植物屏障	· 能生长于无红树等植物遮挡、直接面海的环境中； · 能生长于有单个组团植物或简洁的“乔 + 草”植物遮挡的环境中； · 仅能生长于四周有多个组团植物或简洁的“乔 + 草”植物组团遮挡的环境中
	B3 观赏与应用价值	C9 观赏色彩	· 植物的观赏色彩与该植物的背景色有明显差别，例如紫色、亮红、亮黄、白色等； · 植物的观赏色彩与该植物的背景色较为相近，但具有一定的差异性，如暗红色、暗黄色； · 植物的观赏色彩与该植物背景色基本无差别，难以区分辨认，如绿色、褐色、黄绿色等
		C10 观赏内容	· 观赏内容大于或等于 3 个，如花、果、叶、形等； · 观赏内容为 2 个； · 无明显观赏点或观赏点少于 2 个
		C11 滞风降尘	· 枝叶较浓密且叶片具毛； · 枝叶浓密、叶片不具毛或枝叶较浓密、叶片具毛； · 枝叶稀疏或浓密程度一般
	B4 种植与养护	C12 培育成本	· 绿化上已经广泛应用，培育难度低； · 绿化应用范围较小，培育难度较大或需进口； · 绿化应用范围基本没有，培育技术待研发
		C13 种植技术	· 种植难度小，常规种植即可； · 种植难度略大于常规种植，或种植人员需求大于常规； · 种植成本较高，人员需求大于常规，种植难度大，需要专业技术种植
		C14 养护管理	· 植物可粗放型管理，基本无人员看管养护，生长良好； · 植物需要定期进行常规养护； · 植物需要耗费大量人工、物力进行养护

(3) 评价指标权重确定

确定权重时,为保证研究结果的严谨性,该模型采用 1-9 标度法,结合各位专家的意见建立互反判断矩阵,获得各指标因子的最终权重。为保证所得到矩阵的可靠性和合理性,对判断矩阵进行一致性检验,CR(一致性比率)小于 0.1 则表明判断矩阵具有满意的一致性。

因子层于目标层总排序数值

Ci	B1	B2	B3	B4	C 层对 A 层总排序数值
	0.5682	0.2122	0.0768	0.1428	
耐盐碱性 C1	0.3083				0.1752
耐旱性能 C2	0.0692				0.0393
耐贫瘠性 C3	0.3041				0.1728
抗风能力 C4	02744				0.1559
抗虫能力 C5	0.044				0.025
土壤类型 C6		0.483			0.1025
生长位置 C7		0.3756			0.0797
植物屏障 C8		0.1414			0.03
观赏色彩 C9			0.1283		0.0099
观赏内容 C10			0.2764		0.0212
滞风降尘 C11			0.5954		0.0457
培育成本 C12				0.1958	0.028
种植技术 C13				0.3108	0.0444
养护管理 C14				0.4934	0.0705

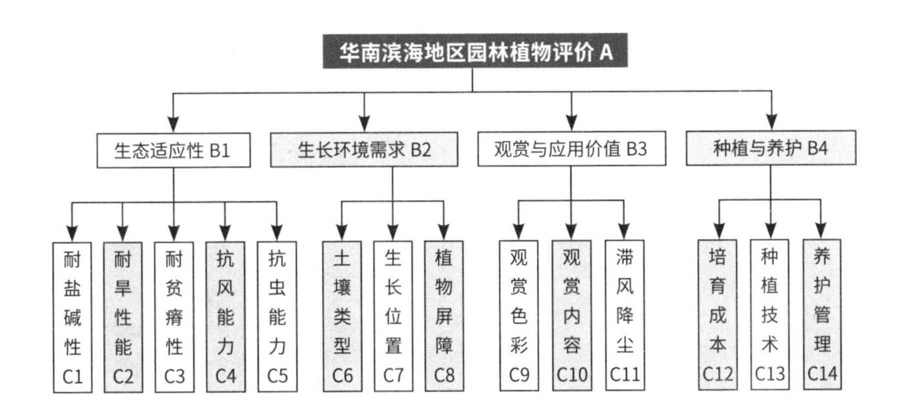

(4) 华南滨海景观植物评价

为了针对性研究华南滨海地区的园林植物现状，通过对海南全岛、广东湛江、阳江、茂名、珠海、东莞、惠州、深圳海岸线、广西北海海岸线、厦门海岸线、福建泉州湾海岸线等地区周边环境园林植物的调查，以及结合层次分析法对华南滨海园林植物进行综合性评价，筛选出了综合效能较高的 316 种园林植物，作为华南滨海地区园林植物的选择（详见附录“华南滨海地区园林植物推荐名录”）。

2．华南滨海地区优良景观植物资源

草海桐
Scaevola sericea Vahl.

科属：草海桐科，草海桐属

特征：直立或铺散灌木，或为小乔木，高可达 7m，枝中空。叶螺旋状排列，大部分聚生于枝顶，倒卵形至匙形，全缘，或边缘波状，稍稍肉质。花冠白色或淡黄色。核果卵球形，白色。花、果期 4～12 月。

应用：产于我国广东、海南、广西、台湾及南海诸岛。多生于岩石上、海边。澳大利亚、东南亚各国及日本也有分布。生长快，抗盐性强，可做海岸固沙防潮树种。

刺篱木
Flacourtia indica (N. L. Burman) Merrill

科属：大风子科，刺篱木属

特征：落叶灌木或小乔木，树干和大枝条有长刺，老枝通常无刺，幼枝有腋生单刺。叶近革质，倒卵形至长圆状倒卵形，边缘中部以上有细锯齿。总状花序顶生或腋生，雄花花盘全缘或浅裂，雄蕊多数，花丝丝状，雌花花盘全缘或近全缘。浆果球形或椭圆形，有宿存花柱。花期春节，果期夏秋。

应用：产于福建、广东、海南、广西。印度、印度尼西亚、菲律宾等地也有分布。生于近海沙地灌丛中，可做绿篱和沿海地区防护林的优良树种。

箣柊
Scolopia chinensis (Lour.) Clos.

科属：大风子科，箣柊属

特征：小乔木或灌木，通常无刺，有时在枝和小枝上着生粗刺。叶椭圆形或长椭圆形，全缘，少具细锯齿，3 基出脉。总状花序腋生，花浅黄色；雄蕊多数。浆果球形。花期秋末冬初。

应用：产于我国广东、海南、香港。中印半岛也有分布。喜光，喜温暖、湿润气候，较耐旱，适应性强。可用于绿篱或做林下观赏植物。

海漆
Excoecaria agallocha L.

科属：大戟科，海漆属

特征：常绿乔木，高 2～3m，枝具多数皮孔。叶互生、厚、近革质，叶片椭圆形，全缘，网脉不明显。花单性，雌雄异株，聚集成腋生、单生或双生的总状花序；雄花序长 3～4.5cm，雌花序较短，蒴果球形。花、果期 1～9 月。

应用：产于我国广东、广西、台湾。生于滨海潮湿处，喜高温，抗风，适做园景树和用于滨海绿化。

麻疯树
Jatropha curcas L.

科属：大戟科，麻疯树属

特征：灌木或小乔木，具水状汁液，枝条苍灰色。叶纸质，近圆形至卵圆形，掌状脉 5～7 条，全缘或 3～5 浅裂。花序腋生，雄花萼片基部合生，花瓣中部以下合生，黄绿色；雌花萼片离生。蒴果椭圆形或球形，黄色。花期 9～10 月。

应用：原产于美洲热带，现广布于全球热带地区。喜高温，生性强健，对土质和光照要求不严，耐阴、耐旱。是良好的防风固沙植物，也是滨海地区优良的观赏植物。

五月茶
Antidesma bunius Spreng.

科属：大戟科，五月茶属

特征：乔木，高达 10m。叶片纸质，长椭圆形，叶面常有光泽。雌雄异株，雄花序穗状，雌花序总状，子房无毛。核果近球形，红色。花期 3～5 月，果熟期 6～11 月。

应用：产于广东、广西、海南、江西、福建、湖南等地区，亚洲热带地区至大洋洲也有分布。喜高温，适做园景树、绿篱，尤其适合滨海地区绿化美化。

刺桐
Erythrina variegata L.

科属：蝶形花科，刺桐属

特征：落叶大乔木，高达 20m，枝上具皮刺。羽状复叶具 3 片小叶，小叶宽卵形或菱状卵形，先端渐尖而钝。总状花序顶生，花萼佛焰苞状，花冠红色，旗瓣椭圆形，先端圆，瓣柄短；翼瓣与龙骨瓣近等长。荚果黑色，肥厚。花期 3 月，果期 8 月。

应用：原产于印度至大洋洲海岸林中，我国台湾、福建、广东、广西等地有栽培。喜阳光，不耐寒。常做庭园树、行道树。

鸡冠刺桐
Erythrina crista-galli L.

科属：蝶形花科，刺桐属

特征：落叶灌木或小乔木；茎和叶柄稍具皮刺。羽状复叶具 3 片小叶，小叶长卵形或披针状长卵形，先端钝，基部近圆形。花与叶同出，总状花序顶生，每节有花 1～3 朵，花冠深红色，花萼钟状，先端二浅裂；雄蕊二体。荚果长约 15cm，褐色。

应用：原产于巴西，我国台湾、云南、广东等地有栽培。喜高温，耐热、耐旱，生性强健，可植于庭院观赏。

海刀豆

Canavalia maritima (Aubl.) Thou.

科属：　蝶形花科，刀豆属

特征：　草本藤本。羽状复叶具3片小叶，小叶倒卵形、卵形、椭圆形或近圆形。总状花序腋生，花1～3朵聚生于花序轴顶部的节上；花萼钟状，上唇裂齿半圆形，下唇3裂片小；花冠紫红色。荚果线状长圆形。花期6～7月。

应用：　产于我国东南部至南部，世界热带海岸地区广布。喜高温，耐旱、耐热且耐碱。典型的海岸植物，是优良的防风固沙植物和滨海地区园林绿化植物。

海南红豆

Ormosia pinnata (Lour.) Merr.

科属：　蝶形花科，红豆属

特征：　常绿乔木或灌木，高3～18m，树皮灰色或灰黑色。奇数羽状复叶具小叶3～4对，薄革质，披针形。圆锥花序顶生，花萼钟状，花冠粉红色而带黄白色，各瓣均具柄。荚果，成熟时橙红色；种皮红色。花期7～8月。

应用：　产于广东、海南、广西。越南、泰国也有分布。喜高温、高湿，生性强健，枝叶柔美，为优良的庭园树及行道树。

水黄皮

Pongamia pinnata (L.) Pierre

科属：　蝶形花科，水黄皮属

特征：　乔木，高8～15m。羽状复叶具小叶2～3对，小叶近革质，卵形、阔椭圆形至长椭圆形。总状花序腋生，通常2朵簇生于花序总轴的节上；花冠白色、粉色；各瓣均具柄。荚果。花期5～6月，果期8～10月。

应用：　产于广东、海南、广西、福建。印度、马来西亚、澳大利亚等地也有分布。生性强健，生长迅速，且耐旱、耐风。常做行道树、防风树和庭园造景的树种，可用于滨海地区校园美化或防风。

海桑
Sonneratia caseolaris (L.) Engl.

科属： 海桑科，海桑属

特征： 乔木，高 5～6m，小枝通常下垂，有隆起的节。叶阔椭圆形、矩圆形至倒卵形，中脉在两面稍凸起。花瓣条状披针形，暗红色；花丝粉红色或上白下红，萼筒平滑无棱。成熟的果实直径达 4～5cm。花期冬季，果期春、夏季。

应用： 产于广东，东南亚至澳大利亚北部也有分布。生于海边泥滩，喜温暖、湿润环境和肥沃土壤。可丛植或孤植于海边林缘及草地边缘。

无瓣海桑
Sonneratia apetala B. Ham.

科属： 海桑科、海桑属

特征： 乔木，高 15～20m，有笋状呼吸根伸出水面，小枝纤细下垂，有隆起的节。叶对生，厚革质，椭圆形至长椭圆形。总状花序，花瓣缺，雄蕊多数，花丝白色。浆果球形。

应用： 原产于孟加拉国。我国华南沿海红树林有引种。适生于浅海中，生长迅速，为海岸红树林造林的优良树种。

红海榄
Rhizophora stylosa Griff.

科属： 红树科，红树属

特征： 乔木，高约 8m，树干红色或灰色，有发达的支柱根。叶阔椭圆形。总花梗从当年生的叶腋长出，有花 2 朵至多朵，花萼裂片淡黄色，花瓣密被白色长毛。花、果期春、秋两季。

应用： 产于我国广东、广西、台湾，生于海边潮水涨落的污泥滩上。菲律宾、马来西亚及澳大利亚北部也有分布。喜肥沃、深厚的淤泥，耐水湿。典型的红树林植物，有支柱根，是良好的海岸防风、防浪植物。

木榄

Bruguiera gymnorrhiza (L.) Savigny

科属： 红树科，木榄属

特征： 乔木或灌木。叶椭圆状矩圆形，先端短尖。花单生，萼暗黄红色，裂片 11～13 枚；胚轴长 15～25cm。花、果期几乎全年。

应用： 产于我国广东、广西、福建、台湾及其沿海岛屿。马来西亚、澳大利亚也有分布。生于浅海盐滩，特别是稍干旱、空气流通、伸向内陆的盐滩。适做海滩红树林，可做园林绿化树和风景树。

秋茄

Kandelia obovata Sheue H. Y. Liu et J. W. H. Yong

科属： 红树科，秋茄树属

特征： 灌木或小乔木，高 2～3m。叶椭圆形，先端圆钝，叶脉不明显。聚伞花序腋生，花瓣白色，雄蕊多数，胚轴长 12～20cm，状似蜡烛，于冬季成熟。花期夏、秋季。

应用： 产于我国广东、广西、福建、台湾。印度、泰国、日本等地均有分布。喜生于海湾淤泥冲积深厚的泥滩，常组成单优势种灌木群落，耐淹，在海浪较大的地方，其支柱根特别发达。为良好的防风、防浪护堤防护林树种，也可做园林绿化树和风景树。

海杧果

Cerbera manghas L.

科属： 夹竹桃科，海杧果属

特征： 小乔木，高 4～8m。叶厚纸质，倒卵状长圆形或倒卵状披针形，叶脉在叶背凸起，侧脉在叶缘前网结。花白色，芳香，花冠圆筒形，喉部染红色。核果双生或单个，阔卵形或球形，未成熟绿色，成熟时橙黄色。花期 3～10 月，果期 7 月至翌年 4 月。

应用： 产于我国广东、海南、台湾等地。亚洲和澳大利亚热带地区也有分布。常见于各地海边、河滩、灌丛中或岩石旁。可做庭园、公园、道路绿化、湖旁周围栽植观赏。

红鸡蛋花
Plumeria rubra L.

科属： 夹竹桃科，鸡蛋花属

特征： 落叶小乔木，株高 3～5m。叶互生，簇生于枝顶，阔披针形或长椭圆形，两端尖锐。聚伞花序顶生，花冠深红色，5 裂，裂片回旋覆瓦状排列。花期 3～9 月。

应用： 原产于南美洲，现广植于亚洲热带和亚热带地区。适合庭植美化。

夹竹桃（欧洲夹竹桃）
Nerium oleander L.

科属： 夹竹桃科，夹竹桃属

特征： 灌木或小乔木，株高约 5m，具白色乳汁，三叉状分枝。叶狭披针形，全缘。聚伞花序顶生，花冠漏斗形，深红色或粉红色。花期几乎全年。

应用： 原产于伊朗、印度及尼泊尔。我国广植于热带、亚热带地区。喜光，适应性强，耐寒，耐干旱和瘠薄。是园林造景的重要灌木花卉。

长春花
Catharanthus roseus (L.) G.Don

科属： 夹竹桃科，长春花属

特征： 半灌木，高达 60cm，枝条绿色或红褐色。叶膜质，对生，倒卵状长圆形，两面光滑，中脉白色。聚伞花序，花色玫瑰红，花冠高脚碟状，左旋。花、果期近全年。

应用： 原产于非洲东部，我国长江以南各省区有栽培。喜温暖、阳光充足和稍干燥的环境，怕严寒，忌水湿。常作园林绿化或盆栽观赏。

黄槿

Hibiscus tiliaceus L.

科属：　锦葵科，木槿属

特征：　常绿灌木或小乔木。叶革质，近圆形或宽卵形，先端突尖，下面密被灰白色星状短绒毛。花顶生或腋生，钟形，黄色，内面基部暗紫色。蒴果卵圆形，被绒毛。花期 6 ～ 8 月。

应用：　产于我国台湾、广东、福建等省区。印度、缅甸，马来西亚及菲律宾等地也有分布。喜高温、高湿，抗风且耐盐。在园林中可做行道树或绿篱，为海岸固沙防风树种。

芙蓉菊

Crossostephium chinense (L.) Makino

科属：　菊科，芙蓉菊属

特征：　常绿亚灌木，高 10～40cm。叶互生，紧聚枝顶，狭匙形或倒卵形，质地厚，两面密被灰白色短柔毛。头状花序盘状，生于枝端叶腋，排成有叶的总状花序，总苞半球形，边花雌性，盘花两性，花冠均管状。花、果期几乎全年。

应用：　原产于我国东南沿海，中南半岛、日本、菲律宾有栽培。喜阳光、高温环境及排水良好的沙质壤土。适合作园林绿化或盆栽观赏。

匐枝栓果菊

Launaea sarmentosa（Willd.）Sch. Bip. ex Kuntze

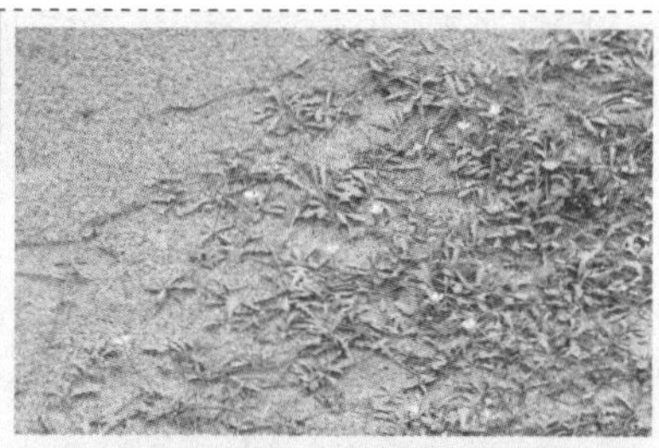

科属：　菊科，栓果菊属

特征：　多年生匍匐草本，具乳汁。叶莲座状，倒披针形，羽状浅裂或边缘有浅波状锯齿。头状花序生于叶腋及单生于匍匐枝各节，全由舌状花组成；舌状花黄色，先端有 5 细齿。果圆柱形，浅青褐色，有横皱纹，上生白色冠毛。花、果期 6～12 月。

应用：　产于广东及海南。常生于海边沙地。喜热、怕冻，耐旱、耐瘠，可做热带地区沙滩地被植物。

老鼠簕
Acanthus ilicifolius L.

科属： 爵床科，老鼠簕属

特征： 直立灌木，高 0.5～2m。叶片长圆形至长圆状披针形，叶缘有深波状带刺的齿，近革质，托叶成刺状。穗状花序顶生，苞片对生，宽卵形；花冠淡蓝色，上唇退化，下唇倒卵形。蒴果椭圆形；种子扁平，圆肾形。

应用： 产于海南、广东、福建。喜生于海滩沙地上，有固定泥沙的作用，是滨海地区及湿地绿化的优良植物。

苦槛蓝
Myoporum bontioides (Sieb. et Zucc.) A. Gray

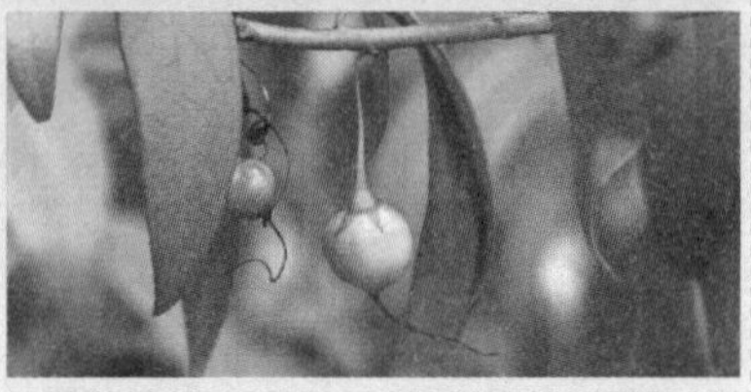

科属： 苦槛蓝科，苦槛蓝属

特征： 常绿灌木或小乔木，茎直立，多分枝。叶螺旋状互生，稀对生，叶片椭圆形，全缘或有锯齿。聚伞花序或单花出自叶腋，花冠钟状或漏斗状，筒形，通常 5 深裂，白色或粉红色，具紫斑。核果。花期 4～6 月，果期 5～7 月。

应用： 产于我国广东、香港、海南、广西、福建、台湾、浙江。日本、越南等地也有分布。喜生在海边潮界线上，适应含盐碱的沙滩和多石的环境。可做绿篱，或用于海滨和河岸多石地带的绿化。

海滨月见草
Oenothera drummondii Hook.

科属： 柳叶菜科，月见草属

特征： 一年生至多年生草本，茎高 0.5m。基生叶长 5～12cm，宽 1～2cm，边缘疏生浅齿或全缘，两面被白色或紫色曲柔毛与长柔毛。花序穗状，苞片果时宿存，花瓣黄色。蒴果圆柱形。花期 5～8 月，果期 8～11 月。

应用： 原产于美洲。我国广东、福建等地有栽培，并在沿海地区逸为野生。适于花坛、花境、山坡、路旁等处美化，列植、群植效果均佳。

卤蕨
Acrostichum aureum L.

科属：　卤蕨科，卤蕨属

特征：　植株高可达2m，根状茎直立，顶端密被褐棕色鳞片。叶簇生，奇数，一回羽状，厚革质，羽片多达30对，长舌状披针形，全缘，通常上部的羽片较小，能育。孢子囊满布能育羽片下面，无盖。

应用：　产于广东、海南、云南。日本、亚洲其他热带地区、非洲及美洲热带地区均有分布。生于海岸边泥滩或河岸边。喜阳光充足、半湿润的环境，常作园林观赏及海边绿化植物。

红刺露兜树
Pandanus utilis Borg

科属：　露兜树科，露兜树属

特征：　常绿小乔木，根上部裸露，气根较少。叶带形，长50～80cm，革质，由下到上螺旋状着生，叶缘和主脉下面有红色的锐刺。花单性异株，聚花果菠萝状。

应用：　原产马达加斯加，现热带地区多有栽培。喜光，稍耐荫，喜高温多湿气候，喜肥沃、湿润的土壤。可植于庭院、花坛、人行道旁。

罗汉松
Podocarpus macrophyllus (Thunb.) D. Don.

科属：　罗汉松科，罗汉松属

特征：　乔木，树皮灰色或灰褐色，浅纵裂，成薄片脱落。枝开展或斜展，密生。叶螺旋状排列，条状披针形。雌雄球花腋生。种子卵圆形，成熟时肉质套被紫红色，有白粉。花期4～5月，种子8～9月成熟。

应用：　产于江苏、浙江、福建、安徽、贵州、广西、广东等地区。喜光，耐阴，喜温暖、湿润气候，耐瘠薄，为优良的园林景观树种。

牛角瓜

Calotropis gigantea (L.) Dryand. ex Ait.f.

科属：　萝藦科，牛角瓜属

特征：　灌木，高达 3m，全株具乳汁，嫩枝、嫩叶和花序被灰白色绒毛。叶倒卵状长圆形至长圆形，叶柄极短。聚伞花序伞状，花萼裂片卵圆形，花冠蓝紫色，辐状。蓇葖果斜椭圆形或长圆状披针形。花、果期几乎全年。

应用：　产于广东、海南、广西、云南及四川。印度、越南和马来西亚等地均有分布。生长于低海拔向阳山坡、旷野地及海边。喜温暖至高温气候，可做滨海园林绿化植物，但要避免人们中毒。

苦郎树

Clerodendrum inerme (L.) Gaertn.

科属：　马鞭草科，大青属

特征：　攀援状灌木。叶对生，薄革质，椭圆形或卵形。聚伞花序常由3朵花组成；花冠白色，顶端5裂。核果倒卵形，花萼宿存。花、果期 3～12 月。

应用：　产于我国广东、广西、福建、台湾等省区。印度、东南亚至大洋洲北部也有分布。常生于海岸沙滩和潮汐能到达的地方。喜温暖、湿润、阳光充足的环境，耐盐碱。为优良的防沙景观树，也是海岸地区绿化树种。

白骨壤（海榄雌）

Avicennia marina (Forsk.) Vierh

科属：　马鞭草科，海榄雌属

特征：　灌木，高 1.5～6m，枝条有隆起条纹，小枝四方形，光滑无毛。叶片近无柄，革质，卵形至倒卵形，主脉明显。聚伞花序紧密成头状；花小，花冠黄褐色，顶端 4 裂。果近球形。花、果期 7～10 月。

应用：　产于福建、台湾、广东。非洲东部至印度、马来西亚、澳大利亚、新西兰也有分布。生长于海边和盐沼地带，耐盐碱，通常为组成海岸红树林的植物种类之一，适宜作海滨地带的绿化。

单叶蔓荆
Vitex trifolia L. var. *simplicifolia* Cham.

科属： 马鞭草科，牡荆属

特征： 茎匍匐，节处常有不定根生出。单叶对生，叶片倒卵形至近圆形，全缘。花期 7～8 月，果期 8～10 月。

应用： 产于我国广东、江西、福建、台湾、浙江、江苏、安徽、山东、河北、辽宁。日本、马来西亚、澳大利亚等地也有分布。生于沙滩、海边及湖畔，是一种良好的海岸固沙植物，也可用于水边湿地绿化。

木麻黄
Casuarina equisetifolia L.

科属： 木麻黄科，木麻黄属

特征： 常绿大乔木，高可达 35m。叶退化呈小枝状，轮生，具 6～8 个棱角，各节有 6～8 个全鞘齿。春季开花，雄花灰褐色，雌花红色。瘦果椭圆形，小苞片变木质，阔卵形，顶端略钝或急尖；小坚果连翅。花期 4～5 月，果期 7～10 月。

应用： 我国广西、广东、福建、台湾沿海地区普遍栽植。生性强健，耐旱、耐盐、抗风，可作庭院绿化，或做行道树。

千头木麻黄
Casuarina nana Sieber ex Spreng.

科属： 木麻黄科，木麻黄属

特征： 常绿小乔木。单叶呈鞘齿状，5 片轮生，偶有 4～6 片轮生。花雌雄异株，雄花柔荑状，雌花头状，花小，不明显。果近似球形或长椭圆形、圆柱形。花期 4～5 月。

应用： 原产于澳大利亚，现世界各地广为栽培。耐旱又耐盐，喜阳光充足，常做庭园美化树种。

木棉
Bombax ceiba Linnaeus

科属： 木棉科，木棉属

特征： 落叶大乔木，高达 25m，幼树树干和老树枝条上有圆锥状皮刺。掌状复叶有小叶 5～7 片，长圆形至长圆状披针形，全缘。花较大，单生于枝顶叶腋，常为红色，偶有橙红色，花萼杯状，花瓣 5 枚。蒴果长圆形，密被灰白色长柔毛和星状柔毛。花期春季，先叶开花，果期夏季。

应用： 原产于我国华南地区及亚洲其他热带地区至澳大利亚，现热带地区普遍栽培。喜阳光充足、高温、湿润气候，抗风，抗大气污染。可植为庭园观赏树、行道树。

尖叶木犀榄
Olea europaea L. subsp. *cuspidata* (Wall. ex G. Don) Cif.

科属： 木犀科，木犀榄属

特征： 灌木或小乔木，高 3～10m，枝灰褐色。叶革质，狭披针形至长圆形，叶缘稍反卷。圆锥花序腋生，花白色，两性。果宽椭圆形或近球形，成熟时呈暗褐色。花期 4 ～ 8 月，果期 8～11 月。

应用： 产于云南。印度、巴基斯坦、阿富汗、克什米尔等地也有分布。自然生于林中或河畔灌丛，可做行道树、庭院树。

南洋杉
Araucaria cunninghamii Ait. ex Sweet

科属： 南洋杉科，南洋杉属

特征： 常绿乔木，树皮粗糙，灰褐色或暗灰色；侧生小枝近羽状排列，下垂。幼树树冠尖塔形，老后则成平顶状。幼叶线状针形，老枝鳞状叶呈三角状卵圆形。雌雄异株。球果卵形或三角状，种子椭圆形。

应用： 原产于大洋洲东南沿海地区。我国广州、海南岛、厦门等地有栽培，常做庭园树、行道树。

海滨木巴戟（海巴戟）
Morinda citrifolia L.

科属： 茜草科，巴戟天属

特征： 灌木至小乔木，高1～5m；茎直，枝近四棱柱形。叶交互对生，长圆形，全缘。头状花序与叶对生，花冠白色，漏斗形，顶部5裂，裂片卵状披针形。聚花核果浆果状，卵形，幼时绿色，熟时白色，如鸡蛋大。花、果期全年。

应用： 产于我国海南、台湾及西沙群岛。生于海滨或疏林下。喜湿、喜温和气候、喜光，是滨海沙地绿化的极佳树种，也可于庭院种植。

瓶花木
Scyphiphora hydrophyllacea Gaertn.

科属： 茜草科，瓶花木属

特征： 灌木或小乔木，高1～4m。小枝的节间短，节稍膨大，嫩枝和嫩叶有胶状物质。叶革质，倒卵圆形或阔椭圆形。花序腋生，有花多朵，花白色或淡黄色。核果有明显的纵棱6～8条，顶部冠以宿存的萼檐。花期7～11月，果期8～12月。

应用： 亚洲南部、东南部及澳大利亚等地均有分布，我国海南亦有栽培。生于海拔5～20m处的海边泥滩上。本种是组成红树林的树种之一。

高山榕
Ficus altissima Bl.

科属： 桑科，榕属

特征： 常绿乔木，植株有气根。叶长圆形，厚革质，色泽光亮。隐头花序卵球形，成熟时橙黄色，几乎全年可开花结果。

应用： 产于我国华南、西南地区，世界热带和亚热带地区多有栽培。适应性强，抗风、耐盐、速生，可做庭园树、行道树。

榕树
Ficus microcarpa L. f.

科属：桑科，榕属

特征：常绿大乔木，高达 20～30m。全株有白色乳汁，老树常具锈褐色气根。叶薄革质，椭圆形，全缘。隐头花序腋生，球形，熟后淡红色。榕果扁球形，熟时黄色或微红色。花、果期 5～12 月。

应用：为重要的绿化树种，宜作庭阴树或行道树，在郊外风景区宜群植成林，亦适用于河湖堤岸绿化。

文殊兰
Crinum asiaticum L. var. *sinicum* (Roxb. ex Herb.) Baker

科属：石蒜科，文殊兰属

特征：多年生常绿草本。叶片宽大肥厚，带状披针形，长可达 1m，暗绿色。花高脚碟状，芳香，花被管绿白色，花被裂片线形，雄蕊淡红色。蒴果近球形。花期夏季。

应用：产于我国广东、广西、福建及台湾等地，现广泛栽培。喜高温、湿润，耐盐，防风固沙，常作庭院景观绿化。

榄李
Lumnitzera racemosa Willd.

科属：使君子科，榄李属

特征：常绿灌木或小乔木，高约 8m。树皮褐色或灰黑色；枝红色，具明显的叶痕。叶常聚生枝顶，叶片厚，肉质，绿色，匙形或狭倒卵形，先端钝圆或微凹。总状花序腋生，有花 6～12 朵；花瓣 5 枚，白色，细小而芳香。果实纺锤形。花、果期 12 月至翌年 3 月。

应用：产于我国广东、广西及台湾。亚洲热带地区、大洋洲北部也有分布。喜高温多湿气候，适做园景树、行道树，是优良的海边护岸林树种。

榄仁

Terminalia catappa L.

科属：使君子科，榄仁属

特征：落叶乔木，高15m，树皮黑褐色，枝平展。叶常密集于枝顶，倒卵形。穗状花序腋生，花多数，绿色或白色。果椭圆形。花期春、夏季，果期夏、秋季。

应用：产于我国广东、海南、台湾、云南。世界热带地区多有栽培。生于气候湿热的海边沙滩上。喜光，喜温暖、湿润气候，深根性，抗风，耐湿，不择土壤，抗大气污染。宜做庭园和绿地的风景树或行道树，绿阴效果甚佳。

黑松

Pinus thunbergii Parl.

科属：松科，松属

特征：乔木，高达30m。树皮灰黑色，呈不规则块状鳞裂；冬芽银白色。叶2针一束，黑绿色，粗硬光亮，叶端尖锐刺手，叶鞘宿存。雌雄同株异花。球果圆锥状卵形。种子倒卵形，有膜质种翅。花期4～5月。

应用：原产于日本及朝鲜。我国各地有引种栽培。喜光，耐旱，抗瘠薄，抗海风，但不耐水湿。为良好的海岸防护林树种。

湿地松

Pinus elliottii Engelm.

科属：松科，松属

特征：常绿大乔木，株高20m以上。树皮灰褐色或暗红褐色，纵裂或鳞片状剥落；小枝坚硬。叶2～3针一束，长20～30cm。球果圆锥形或窄卵圆形。

应用：原产于美国东南部暖带潮湿的低海拔地区，我国广东、广西、江西、福建、台湾、浙江等地有引种栽培。喜温暖、湿润气候。常用于庭园绿化，或做风景区绿化树种。

白千层
Melaleuca leucadendra (L.) L.

科属：桃金娘科，白千层属

特征：常绿乔木。树皮厚，灰白色且疏松，呈薄片状剥落。叶互生，披针形。圆柱形穗状花序顶生于枝梢，小瓶刷状乳黄色。花期夏至秋季。

应用：原产于澳大利亚。我国广东、广西、福建、云南等地有栽培。喜高温、多湿气候，抗风、抗大气污染。常做风景树、行道树。

垂花红千层（串钱柳）
Callistemon viminalis G. Don

科属：桃金娘科，红千层属

特征：灌木或小乔木，株高1～5m，枝条细长，上扬不下垂。叶互生，披针形或狭线形。花顶生，圆柱形穗状花序。花期春至秋季。

应用：原产于大洋洲。喜温暖至高温气候，栽培地不择。为高级庭园美化观花树、行道树。

海南蒲桃（乌墨）
Syzygium cumini (L.) Skeels

科属：桃金娘科，蒲桃属

特征：乔木。叶革质，阔椭圆形至狭椭圆形。圆锥花序腋生或生于花枝上，花白色。果实卵圆形或壶形，熟时紫黑色。花期2～3月。

应用：产于我国华东、华南至西南地区，以及亚洲东南部和澳大利亚。喜光，喜温暖、多湿气候，喜水湿，抗风力强。为优良的庭园绿阴树和行道树。

龙珠果
Passiflora foetida L.

科属： 西番莲科，西番莲属

特征： 草质藤本，长数米，有臭味。叶膜质，宽卵形至长圆状卵形，基部心形；表面被丝状伏毛，并混生少量腺毛，背面被毛且其上有较多小腺体。夏秋间开白色或淡紫色花，花冠中央有一轮紫红色的条纹，较为奇特。浆果卵圆球形，草黄色。花期7～8月，果期翌年4～5月。

应用： 原产于西印度群岛，我国广东、广西、台湾及云南有栽培。喜阳光充足、土壤疏松肥沃的生长条件。可做滨海园林绿化植物。

厚藤
Ipomoea pescaprae (L.) R.Br.

科属： 旋花科，番薯属

特征： 多年生草本，茎平卧。叶厚纸质，卵形。多歧聚伞花序腋生，花冠紫色或深红色，呈漏斗状。蒴果球形，4瓣裂。种子三棱状圆形，密被褐色茸毛。几乎全年开花，尤以夏天为盛；果熟期夏、秋季。

应用： 产于我国广东、海南、福建、台湾等省区。常生于海边沙滩上。适合做海滩固沙或覆盖植物，也可用于绿化造景。

玉蕊
Barringtonia racemosa (L.) Spreng.

科属： 玉蕊科，玉蕊属

特征： 常绿小乔木或中等大乔木。叶簇生枝顶，纸质，倒卵形，边缘有圆齿状小锯齿。总状花序顶生，长达70cm或更长；花瓣4枚，雄蕊通常6轮，发育雄蕊花丝长3～4.5cm左右。果实卵圆形，微具4钝棱。花期几乎全年。

应用： 产于我国海南、台湾，广布于非洲、亚洲和大洋洲的热带、亚热带地区。喜高温、高湿气候，抗风。为庭园树、行道树，可做沿海防护林树种。

基及树（福建茶）
Carmona microphylla (Lam.) G. Don

科属：紫草科，基及树属

特征：常绿灌木，高 1～3m。多分枝，具褐色树皮。叶革质，倒卵形或匙形，具粗圆齿，上面有短硬毛或斑点。团伞花序开展，花冠钟状，白色或稍带红色。核果。

应用：产于我国广东、台湾等地。生于低海拔平原、丘陵及空旷灌丛处。常用于盆景、绿篱等。

蜡烛果（桐花树）
Aegiceras corniculatum (L.)Blanco

科属：紫金牛科，蜡烛果属

特征：灌木或小乔木，高 1.5～4m。叶互生，革质，倒卵形或椭圆形。伞形花序生于枝顶，无柄，有花 10 余朵；花冠白色，钟形。蒴果圆柱形，弯曲如新月，顶端渐尖，宿存萼紧包基部。花期 12 月至翌年 2 月，果期为 10 ～ 12 月。

应用：产于广东、广西、福建及南海诸岛。生于海边潮水涨落的污泥滩上，喜肥沃深厚的淤泥，耐水湿。为典型的红树林植物，是良好的海岸防风、防浪植物。

加拿利海枣
Phoenix canariensis Hort. ex Chab.

科属：棕榈科，刺葵属

特征：常绿乔木，单干，老叶柄基部包被树干，高 14～20m。羽状复叶密生，长 5～6m，羽片多。花单性，雌雄异株；穗状花序生于叶腋，花小，黄褐色。果实长椭圆形。花期 5～6 月，果期 8～9 月。

应用：原产于加拿利群岛及附近地区，在热带地区广为栽培。适应性强，对土壤气候条件要求不严，在贫瘠的盐碱地上也能生长。滨海地区常做行道树、园景树。

美丽针葵
Phoenix roebelinii O'Brien

科属： 棕榈科，刺葵属

特征： 常绿灌木，高可达 3～4m，宿存老叶基螺旋状排列成三角锥状。叶羽状，柔软而弯垂。雌雄异株，花序腋生，淡黄色，有香味。果长椭圆形，熟时紫黑色。花期5～8月，果期8～9月。

应用： 缅甸、老挝、越南等地均有分布。喜光，能耐荫，生长较快，喜高温多湿气候。能耐寒，对土壤要求不严。常作行道树、园景树，或盆栽作室内摆设。

银海枣
Phoenix sylvestris Roxb.

科属： 棕榈科，刺葵属

特征： 株高 10～16m，茎具宿存的叶柄基部。叶长 3～5m，羽状全裂，灰绿色，无毛；羽片剑形，成簇排成 2～4 列，下部叶片针刺状；叶柄较短，叶鞘具纤维。果长椭圆形，熟时橙黄色。

应用： 原产于印度，我国福建、广东、广西、海南等地广泛栽培。喜高温、湿润环境，喜光照，有较强抗旱力，抗风。常做景观树、行道树。

蒲葵
Livistona chinensis (Jacq.) R. Br.

科属： 棕榈科，蒲葵属

特征： 常绿乔木，株高约 20m。单干直立，干棕灰色，有环纹和纵裂纹。叶大，扇形，有折叠，先端下垂，端尖 2 裂。肉穗花序腋生，花小，黄绿色，无柄。核果椭圆形，黑紫色。花期 3～4 月，果熟期 10～12 月。

应用： 产于我国南部地区。中南半岛也有分布。喜温暖多湿，喜疏松、肥沃、排水良好的土壤。可做行道树、风景树等。

大王椰子
Roystonea regia (Kunth) O.F. Cook

科属： 棕榈科，王棕属

特征： 茎直立，乔木状，高 10～20m，中下部常膨大，灰褐色，光滑有环纹。叶羽状全裂，长 4～5m，叶轴每侧的羽片呈 4 列排列，线状披针形。花单性，雌雄同株。果实近球形至倒卵形；种子卵球形，棕黄色。花期 3～4 月，果期 10 月。

应用： 我国南部热带地区常见栽培。喜高温、多湿的热带气候，耐短暂低温，喜充足的阳光和疏松肥沃的土壤。广泛用于行道树、庭园树。

椰子
Cocos nucifera L.

科属： 棕榈科，椰子属

特征： 乔木状，有环状叶痕，高 15～30m。叶丛生于茎干顶端，羽状，长可达 7m，裂片线状披针形。肉穗花序腋生，长可达 2m；雄花三角状卵形，雌花碗状圆形。花期几乎全年。坚果圆形或椭圆形，径 15～25cm，一般 7～9 月果成熟。

应用： 产于我国云南、海南、广东、台湾。喜高温、湿润和阳光充足，土壤以排水良好的海滨或河岸的深厚冲积土为佳。可植于风景区或绿地等，也可做行道树。

狐尾椰子
Wodyetia bifurcata A. Irvine

科属： 棕榈科，狐尾椰属

特征： 植株高大通直，高 10~20m。茎干单生，茎部光滑，有叶痕，略似酒瓶状，高可达 10~15m。叶色亮绿，簇生茎顶，羽状全裂，长 2~3m；小叶披针形，轮生于叶轴上，形似狐尾。雌雄同株，花序生于冠茎下，绿色。果实椭圆形，成熟时红色，长 6~8cm，相当醒目诱人。

应用： 产于我国南部至西南部，长江以南地区均可种植。喜温暖湿润、光照充足的生长环境，耐瘠薄，耐碱，抗风，较耐寒，土壤适应性强。可做庭园树、行道树。

（三）植物配置模式

不同的立地条件所需要的植物配置方法各不相同。以下分别从华南滨海地区的道路绿化、公园绿地、住宅区绿化、滨海湿地绿化、防护林 5 个不同的立地条件详述植物配置的要点、植物种类的选择和植物配置案例分析。

1. 道路绿化

道路绿化是指在道路两侧、中间隔离带或分车带种植树木、花草，其主要功能包括：

①预示道路线形的变化；

②遮光或防眩，防止会车车头灯的照射；

③缓和与减轻驶出车行道外车辆的强力冲击和乘车人员的损伤；

④协调和美化，增加环境的自然景致；

⑤作为指路标记，高树或树丛在道路转折处可起到指路标记和警示的作用；

⑥适应明暗，道路入口的高大树木形成的阴影能使亮度逐渐变化，缩短驾驶员视力适应的时间；

⑦保护环境，减少水土流失，减轻汽车噪声与尾气的传播，起到防风、防沙、防尘的作用。

(1) 植物选择

经对道路绿地进行调查，发现道路绿地的配置方式单调，主要为列植，而且在色彩、季相、结构上都较单一。乔木和灌木种类较少，草本植物种类相对更少，且道路内许多

华南滨海地区道路绿化植物选择

类型	植物种类
乔木	白千层、高山榕、榕树、棍棒椰子、椰子、红厚壳、大王椰子、朴树、大叶合欢、海岸桐、莲叶桐、海杧果、黄槿、加拿利海枣、苦楝、异叶南洋杉、扁桃、刺桐、凤凰木、黄连木、假苹婆、榄仁、麻楝、木麻黄、木棉、南洋杉、秋枫、人面子、水黄皮、台湾相思、乌桕、杨叶肖槿、玉蕊等
灌木	夹竹桃、黄花夹竹桃、柽柳、树蓼、榄李、马甲子、锈鳞木犀榄、串钱柳、簕杜鹃、细棕竹、海巴戟、仙人掌、草海桐、红刺露兜树、胡颓子、红花檵木、苏铁、芙蓉菊、光棍树、苦槛蓝、刺果苏木、天门冬等
草本	文殊兰、海滨月见草、补血草、芦苇、狭叶香蒲、龙舌兰、狼尾草、长春花、粉黛乱子草、天人菊、美丽月见草、长春花、狗牙根、剑麻、美人蕉、葱兰等

绿地都缺乏定期的养护，呈现出地表裸露、杂草丛生的现状。

(2) 植物配置分析

模式 1——现代都市道路绿化

为结合当代都市人群对道路景观的审美，适当增加开花绚丽的植物予以点缀，以不同花色的植物编织成锦缎般的彩带，营造热烈的气氛。

如模式图所示，该植物配置模式为“乔—灌—草”结构，高低错落，层次分明。其中大王椰子、糖胶树、凤凰木作为行道树奠定出主基调；中层空间的美丽针葵、粉叶金花与乔木交错种植；下层则平铺草皮和龙船花带组合搭配，以及花叶山菅兰和翠芦莉的块状交替种植。

该景观的非机动车道和人行道均以糖胶树和落叶观花树种凤凰木为主要植物组合，形成现代都市景观特色。这两种树分支点高，枝繁叶茂，树形开阔，可以为行人遮挡烈日，提供阴蔽且舒适的行走环境。树下点缀的观花灌木粉叶金花，其粉色花朵丰富了树下色彩，且提高了整体观赏度；下层辅以观叶地被，使得下层空间比较疏朗明快，也起到了阻隔行人横穿马路的作用，保障了交通安全。中间隔离带配以枝叶细密的大王椰子、美丽针葵，下层平铺草皮显得绿意盎然，再点缀一些龙船花带，不仅增加了植物种类，也增添了热带风情，使得道路绿化带生机勃勃。

综上所述，该道路绿化景观具有植物丰富多样、空间结构合理、观赏度高等特点，在色彩、质地、体量等方面取得相对平衡，整体效果和谐自然。

道路绿化模式 1 立面图

道路绿化模式 1 平面图

道路绿化模式 1 实景图（阳江海陵岛）

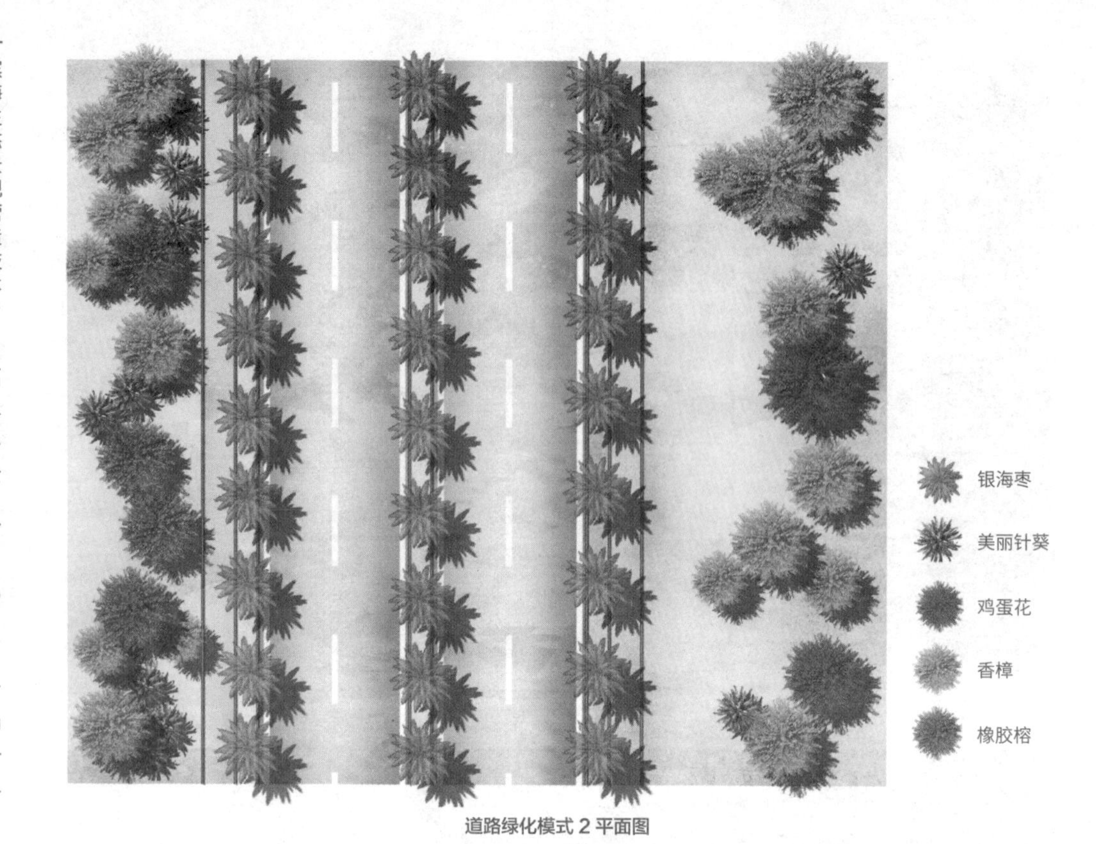

道路绿化模式 2 平面图

模式 2——热带风情道路绿化

该模式迎合了滨海植物景观造景特点，以观叶、观干为主要造景特色，选用茎干挺拔、叶色银灰的银海枣作为主调树种，形成两排壮观的银海枣绿化带景观。其下层配植了金黄、亮丽的黄叶假连翘与色彩斑驳的花叶鹅掌柴，两者修剪整齐有度，且生长适应能力强，为景观提供了一抹活力。两侧再配以观花乔木鸡蛋花和观叶乔木橡胶榕，形成典型的热带植物景观，具有很强的观赏性。

银海枣形态优美，性喜高温、湿润且光照充足的环境，对土壤要求不严，有较强的抗旱力，非常适合道路绿化，为优美的热带风光树。其主调树种以列植形式一字排开，使得整个道路景观整齐大气。银海枣枝叶疏朗、树冠通透性好，可减少对树下植物生长的影响。届时还可根据四季辅以时花地被，灵活调整，让原本单调的道路丰富多彩、生机勃勃。道路整体郁闭度低，乔木与地被的结合改变了道路的空间尺度，使道路景观开阔明了。此外，此种配置模式还能吸收汽车尾气、释放氧气、减弱噪声，具有良好的净化环境和隔离作用。

2．公园绿地

公园绿地是指向公众开放且供公众游览、观赏、娱乐、休憩的绿地，通常园内的环

道路绿化模式 2 立面图

道路绿化模式 2 实景图（阳江海陵岛）

境条件良好，而且空间开敞，保留了一定的自然景观。综合性的公园一般可分为安静游览区、文化娱乐区、儿童活动区、管理和服务区等。不同分区的植物配置侧重点有所不同，从整体来看，公园植物配置应该在尽量不影响原有植物群落的基础上，形成具有丰富植物种类、“乔—灌—草”混交的稳定植物群落，发挥最大的生态效应。同时，也可以适当增加一些造型独特、具有某些特殊观赏价值的植物，增加景观的季相变化和色彩变化，强化公园植物的造景生动性以及趣味性。

(1) 植物选择

华南滨海地区公园绿地的植物资源选择，主要有如下一些种类。

华南滨海地区公园绿地植物选择

类型	植物种类
乔木	椰子、大王椰子、三角椰子、棍棒椰子、加拿利海枣、台湾相思、南洋杉、玉蕊、秋枫、木棉、榄仁、木榄、榔榆、木麻黄、千头木麻黄、朴树、红厚壳、海杧果、麻楝、树蓼、香樟、大叶合欢、人面子、刺桐、海漆、高山榕、海岸桐、莲叶桐、黄槿、大花紫薇、扁桃、白千层、苦楝、杨梅、夹竹桃、锈鳞木犀榄、海南红豆、湿地松、黑松、黄连木、水黄皮、乌桕、假苹婆、柽柳、大叶刺篱木、银叶树、潺槁木姜子、蒲葵、人心果、桂花、罗汉松、洋蒲桃、木果楝等
灌木	杨叶肖槿、簕杜鹃、细棕竹、马甲子、红花檵木、苏铁、紫薇、榄李、黄蝉、变叶木、亮叶朱蕉、串钱柳、胡颓子、光棍树、麻疯树、秋茄、海巴戟、苦槛蓝、海桐、黄花夹竹桃、芙蓉菊、银合欢、南方碱蓬、苦郎树、露兜树、棕竹、红背桂、簕柊、刺果苏木、天门冬、鱼藤、忍冬、相思子等
草本	长春花、狗牙根、天人菊、美丽月见草、卤蕨、龙舌兰、链荚豆、山菅兰、文殊兰、万年麻、厚藤、补血草、芦苇、天人菊、狭叶香蒲、剑麻等

(2) 植物配置分析

模式 1——休憩游园绿地

经对公园绿地植物进行调查，发现配置方式多变，且乔木、灌木类植物种类较多，草本植物种类相对较少。通常公园的类型不同，服务的对象也不相同，因此绿地设置应综合考虑其观赏价值、生态价值及服务价值。总体来说，芳香植物的选择应注重搭配层次多元且科学合理、色彩丰富艳丽，达到四季皆有景可赏，同时要注意植物的香味浓度适中，避免刺激性香味产生不良效果。

虽然公园绿地是开放型绿地，主要以游憩功能和服务设施为主，但植物配置时会产生一定的差异性。模式图中的植物群落为“乔—灌—草”结构，上层为杨梅和竹林，中层为石榴、琴叶珊瑚，下层为长春花、细叶萼距花和肾蕨，共同形成半封闭的安静休息区，降温、增湿和净化空气效果显著。

杨梅冠型圆整，是常见的岭南特色果树，初夏时红果累累，与木栈道右边的石榴花遥相呼应。右下角的长春花、肾蕨和琴叶珊瑚紧密结合，大大丰富了群落的叶形变化。中层灌木和下层草本多为观花植物，玫瑰红的长春花和红色的琴叶珊瑚花期几近全年，点缀整个群落的同时提升了整体的色彩和亮度。后侧草地起到了总体留白的作用，整体景观极具岭南风情特色。木栈道尽头是一片竹林，运用了“障景”的艺术手法，引导游人

公园绿地模式 1 平面图

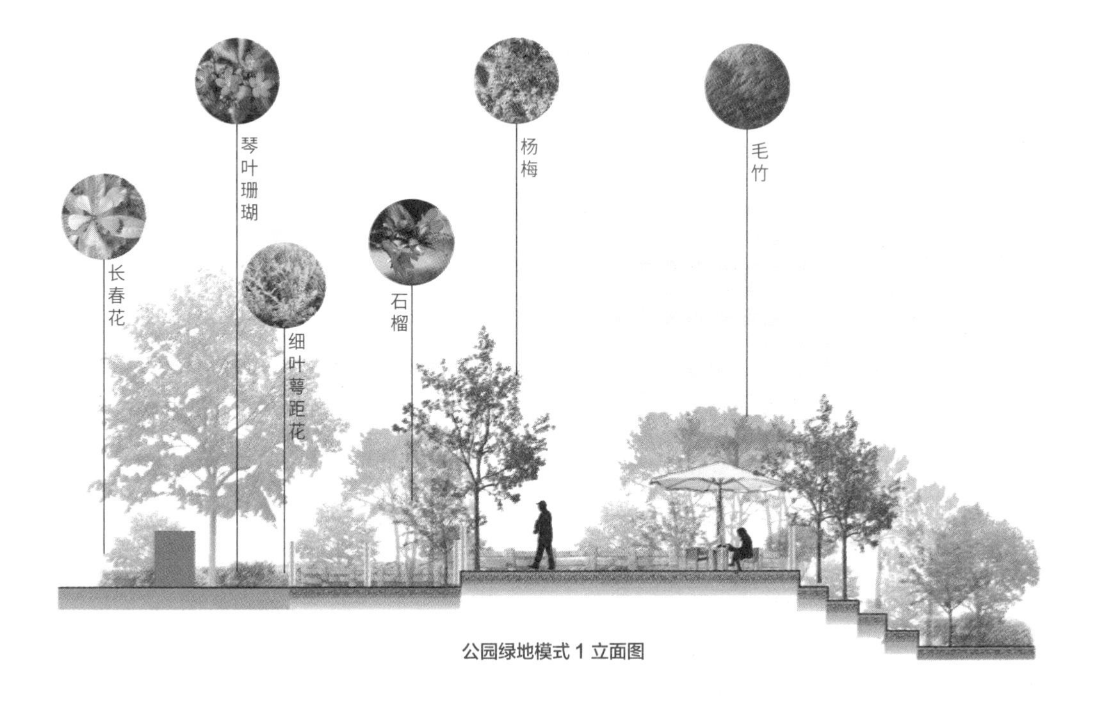

公园绿地模式 1 立面图

公园绿地模式 1 实景图（深圳景蜜社区公园）

向前一探究竟。该模式整体景观植物组成丰富，前景色彩明亮，背景竹林深绿暗沉，形成了色彩深浅的变化。

模式 2——生态型公园绿地

该模式的上层空间由狐尾椰子和丝葵奠定植物群落主基调，两者性喜温暖湿润、光照充足的生长环境，耐寒、耐旱、抗风及耐贫瘠，便于景观塑造和管理维护。中下层有白花夹竹桃、美人蕉、粉黛乱子草、紫叶狼尾草和花叶芦竹，地被为香彩雀、铜钱草和大叶油草。白花夹竹桃花期长，几乎全年开花；禾本科的粉黛乱子草和紫叶狼尾草生长适应性强，耐水湿、耐干旱、耐盐碱，大片种植时，众多植物品种相组合，景色十分壮观。

狐尾椰子植株高大通直，叶形似狐尾，疏密适当地列植于路边，与城市高层建筑组合形成错落有致的天际线，观赏效果极佳。群落中间下凹地段种植了大量耐盐、耐旱的水生植物，如片植的水生美人蕉花期长、色彩亮丽，周围搭配观叶的花叶芦竹和铜钱草，群落组合色彩缤纷。群落四周因地势较高，可以汇聚四周的雨水，通过植物、沙土的综合过滤作用使其得到净化，并逐渐渗入土壤，具有一定的生态功能。该模式群落结构通透清新，能使观赏的游人调适心情，达到缓解压力的效果。

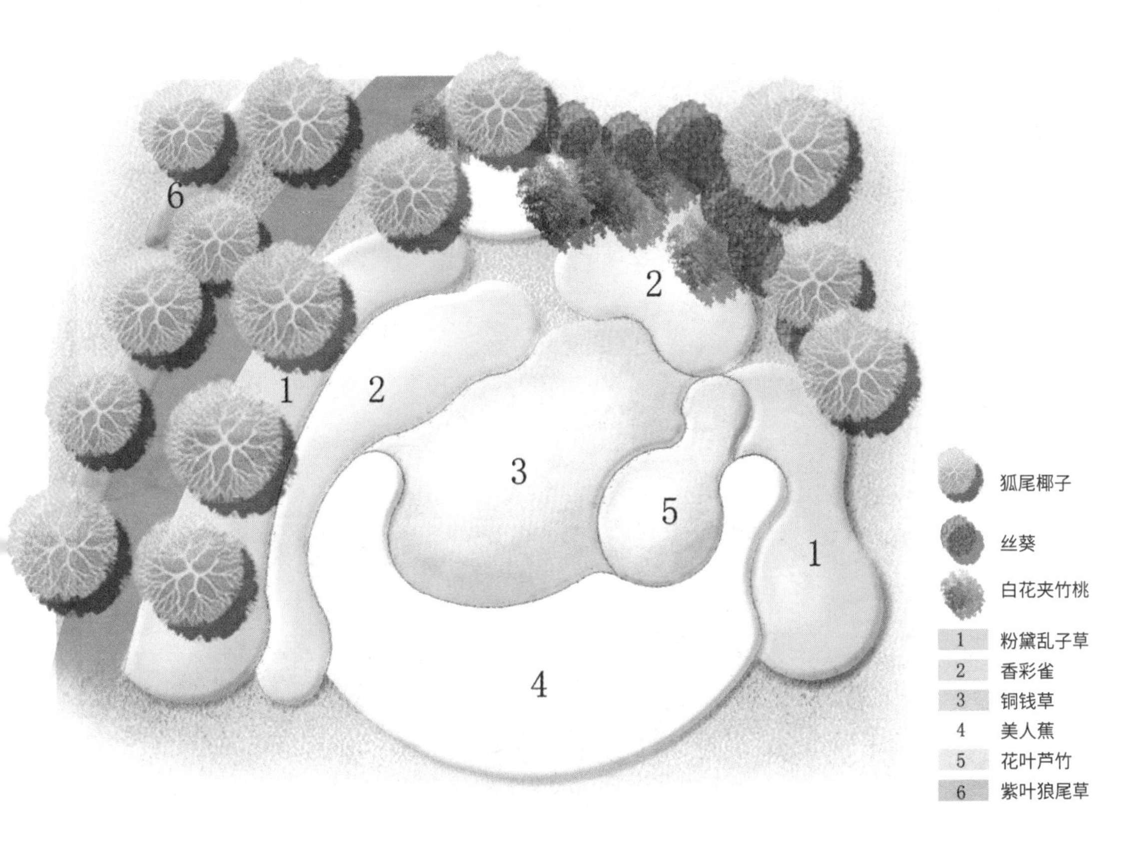

公园绿地模式 2 平面图

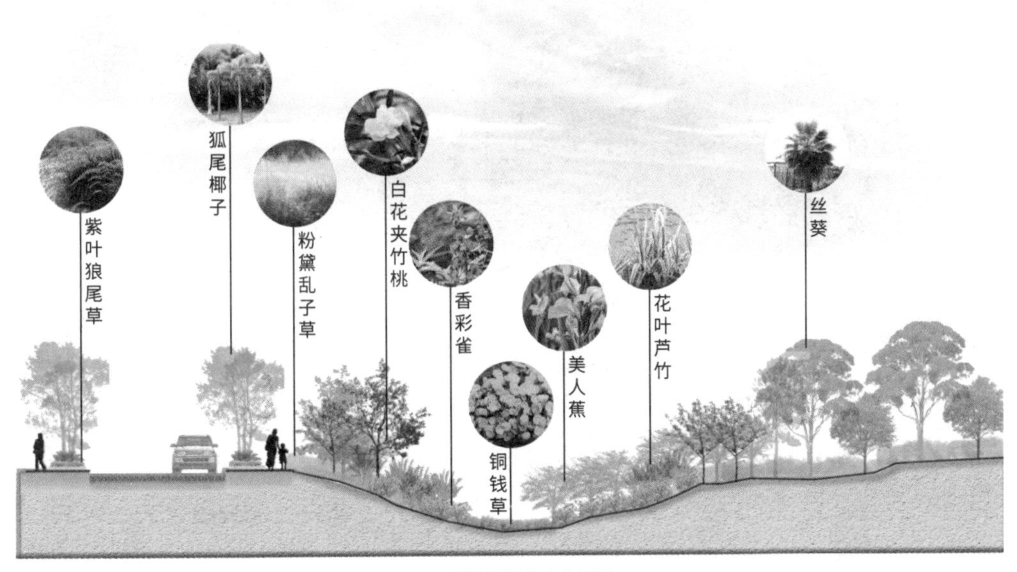

公园绿地模式 2 立面图

公园绿地模式 2 实景图（深圳前海石公园）

3. 住宅区绿化

住宅区是人口相对密集的场所，绿地空间有限。住宅区植物景观除了观赏功能以外，还强调净化空气、降低噪声、遮阳降温、改善小气候等功能。住宅区植物配置应多选择抗病虫害强、易养护管理的植物，常绿与落叶、速生与慢生相结合，构成多层次的复合生态结构。植物品种的选择要在统一的基调上力求丰富多样，并且与住宅区本身的风格相匹配。要注重植物种植位置的选择，避免影响室内的通风采光以及其他设施的管理维护。

（1）植物选择

华南滨海地区住宅区绿化植物资源选择，主要推荐如下种类。

滨海地区住宅区绿地植物选择

类型	植物种类
乔木	台湾相思、南洋杉、玉蕊、秋枫、木棉、榄仁、木榄、榔榆、木麻黄、朴树、红厚壳、海杧果、麻楝、散尾葵、香樟、大叶合欢、刺桐、高山榕、黄槿、大花紫薇、扁桃、白千层、苦楝、杨梅、锈鳞木犀榄、海南红豆、银海枣、黄连木、水黄皮、大王椰子、乌桕、假苹婆、凤凰木、银叶树、潺槁木姜子、蒲葵、人心果、三角椰子、鸡蛋花、洋蒲桃等
灌木	簕杜鹃、杨叶肖槿、细棕竹、马甲子、红花檵木、苏铁、紫薇、榄李、黄蝉、变叶木、亮叶朱蕉、串钱柳、胡颓子、光棍树、海巴戟、苦槛蓝、海桐、黄花夹竹桃、红背桂、露兜树、矮棕竹、天门冬、簕杈、刺果苏木等
草本	山菅兰、海滨月见草、美丽月见草、天人菊、剑麻、龙舌兰、文殊兰、万年麻、厚藤、补血草、芦苇、长春花、狗牙根、狭叶香蒲等

（2）植物配置分析

模式 1——中庭空间

该模式为具有泰式风情的住宅小区中庭空间植物景观群落，上层乔木主要为大王椰子和大叶榕，中下层包括美丽针葵、红鸡蛋花、花叶假连翘、红花檵木和银叶麦冬、水竹、睡莲等。大王椰子树干高耸挺拔，羽状树叶巨大，整体树形雄壮挺拔，为最能代表南亚热带风光的棕榈科植物之一。

狐尾椰子与美丽针葵对木架构的四角亭起到了一定的装饰和围蔽作用，构成了一处私密的围合空间，为在此休憩的游人增添了一份安全感。红鸡蛋花花色艳丽，花期近全年，与亭子红色木材的质感相互映衬，加上附近白色大象雕塑点缀场所中心，呈现出浓烈的异域情调。下层的草本植物种类丰富，挺水植物水竹和浮水植物睡莲种植于池边，营造生态水池景观。园路两边的黄叶假连翘、红花檵木和朱槿等灌木搭配金叶麦冬，在营造良好园路景观的同时，也丰富了群落整体色彩。

住宅区绿化模式 1 实景图（阳江保利银滩）

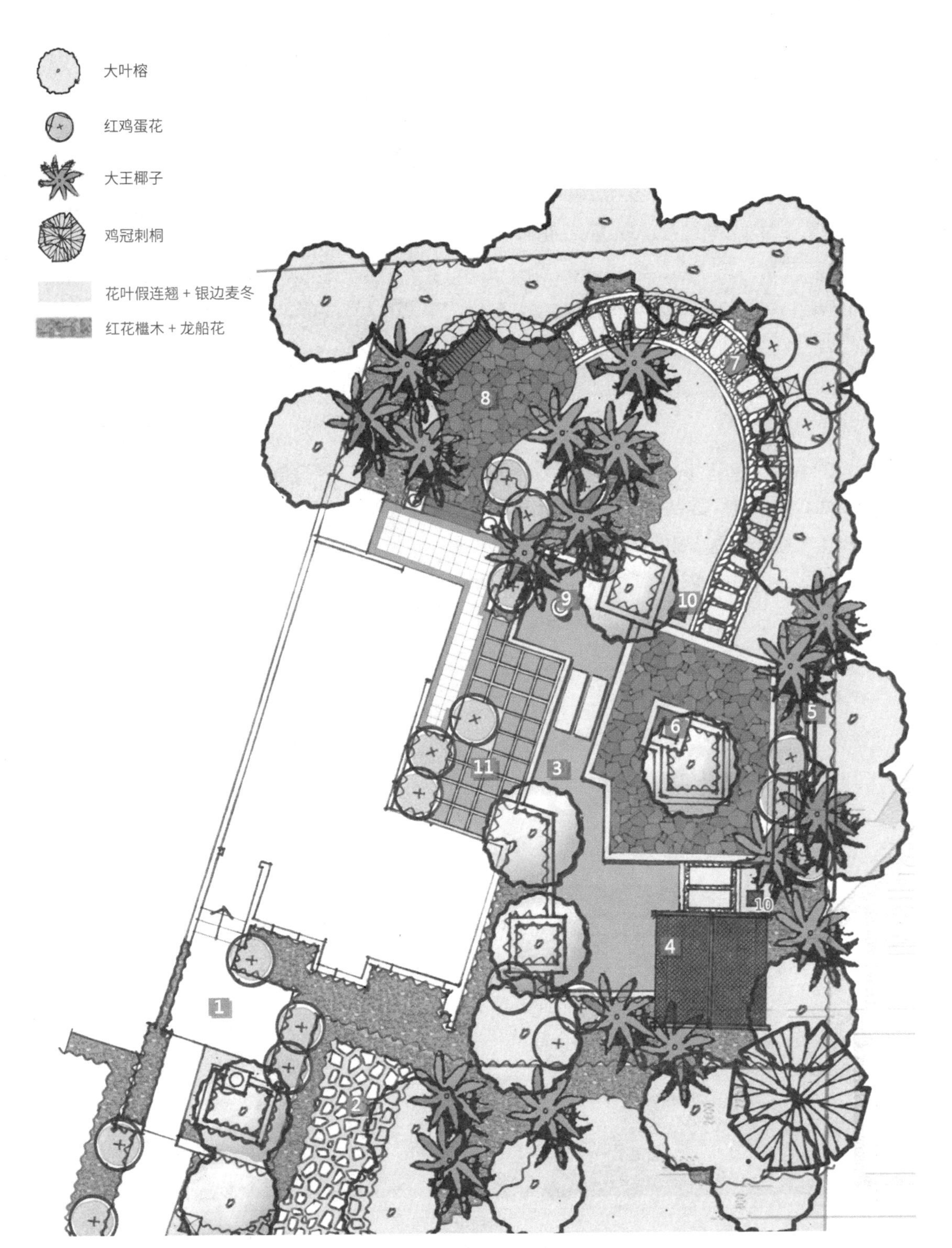

住宅区绿化模式 1 平面图

模式 2——入口空间

入口空间作为居住区的门户，代表居住区整体的形象，达到绿化效果的同时还应注意其美化效果。该模式植物群落搭配主要采用“乔—灌—草”结构，上层为加拿利海枣、小叶榕，中层为红鸡蛋花、旅人蕉、红花檵木、福建茶，下层为花叶艳山姜、香彩雀、狗牙根和矮牵牛等。该群落物种多样性优良，共配置了超过 10 种植物，种类比较丰富，通过结合相应技术措施，营造主入口区观赏效果较佳的住区景观。

入口大门处运用旅人蕉进行对称式列植，两边配以粉红色的鸡蛋花，体现出规整简洁、气势宏伟的景观效果。乔木层以加拿利海枣、小叶榕和火焰树（花橙红色）作为米灰色主调大门建筑的背景，搭配协调、对比鲜明，两者结合形成优美的天际线。高大乔木、小乔木与建筑体量搭配得体，柔和了建筑生硬的线条，加上球形红花檵木和福建茶的点缀，增添许多生机与动感。

住宅区绿化模式 2 平面图

住宅区绿化模式 2 剖面图（保利达江湾南岸花园）

住宅区绿化模式 2 立面图

4. 滨海湿地绿化

湿地是指陆地和水域全年或间歇被水淹没的土地，是陆生生态系统和水生生态系统之间的过渡带。湿地不仅是极其重要的种质资源库，还是重要的碳汇与氮汇，对全球碳氮循环起着至关重要的作用，且提供了诸如涵养水源、分洪蓄洪、调节局部气候、截留及降解污染等生态服务功能。湿地景观营造要求植物种类丰富多样，能提供较高的生态价值，同时还需具备一定的观赏价值。

(1) 植物选择

华南滨海地区湿地植物资源选择，主要推荐如下种类。

滨海湿地植物选择

类型	植物种类
挺水植物	芦苇、香蒲、美人蕉、鸢尾、芦竹、水葱、梭鱼草、再力花、花叶艳山姜、天胡荽、千屈菜等
浮叶植物	睡莲、萍蓬草、浮叶眼子菜等
沉水植物	金鱼藻、线叶眼子菜、苦草、喜盐草、海菖蒲、针叶藻等
红树植物	红海榄、海桑、无瓣海桑、拉关木、秋茄、木榄、银叶树、海芒果、水黄皮等
其他耐盐湿地植物	榄仁树、厚叶石斑木、黄槿、单叶蔓荆、海桐、夹竹桃、高山榕、台湾相思、木麻黄等

(2) 植物配置分析

模式 1——近水区域

该模式以耐盐湿地植物为主要品种，采用“乔—灌—草”的配置结构，空间合理、错落有致，既美观又能最大程度发挥生态效应。乔木采用高山榕作为主景树，四周种植黄槿等树种搭配。高山榕四季常绿，树姿丰满壮观，花、果期几乎全年，是极好的城市绿化树种。黄槿抗风力强，具有防风固沙的功能，耐盐碱能力好，适合海边、公园种植。下层结构主要采用的是美人蕉、再力花、朱蕉等水生植物，层次丰富。

近水区域的设计主要以观景为主，在景观营造中要结合空间尺度来选取和塑造观赏对象，为空间增添活力。该群落以高山榕为中心的生态小岛为火烈鸟提供了游玩、休憩的空间。在滨水平台附近设置了几处湿地坑塘区，分别成片种植不同的湿地植物，既对火烈鸟形成一定程度的保护，又为单调的滨海湿地增添了活跃色彩。游人行走在蜿蜒的步道上，一边欣赏自然河流的宁静，一边可对火烈鸟进行近距离观察与互动，最终达到闲适心境、放松身心的效果。

滨海湿地模式 1 平面图

滨海湿地模式 1 立面图

滨海湿地模式 1 实景图（富力红树湾）

模式 2——远水域坡地

该配置模式群落充分发挥植物自身形态，通过合理搭配、自由组合，形成层次丰富的群落景观。比如，位于红树湾湿地公园一隅的游步道休闲景观，群落上层选用了小叶榄仁、黄槿作为大背景，小叶榄仁因其枝条柔软、株形美观，所营造的上层景观层次分明、疏朗通透。步道尽头为钢结构的炮仗藤廊架，作为立体绿化的景点为游客提供了遮风避雨、乘凉休憩的场所。

园路左侧主要以原生的无瓣海桑和黄槿为主，无瓣海桑是红树植物种类，能生长在潮滩、土壤较硬实贫瘠滩上，在维持海岸带生态平衡、水土流失等方面发挥着一定作用。右侧坡地上通过片植黄蝉、朱蕉和朱槿与黄叶假连翘搭配，突出植物景观的色彩变化，丰富群落景观层次。

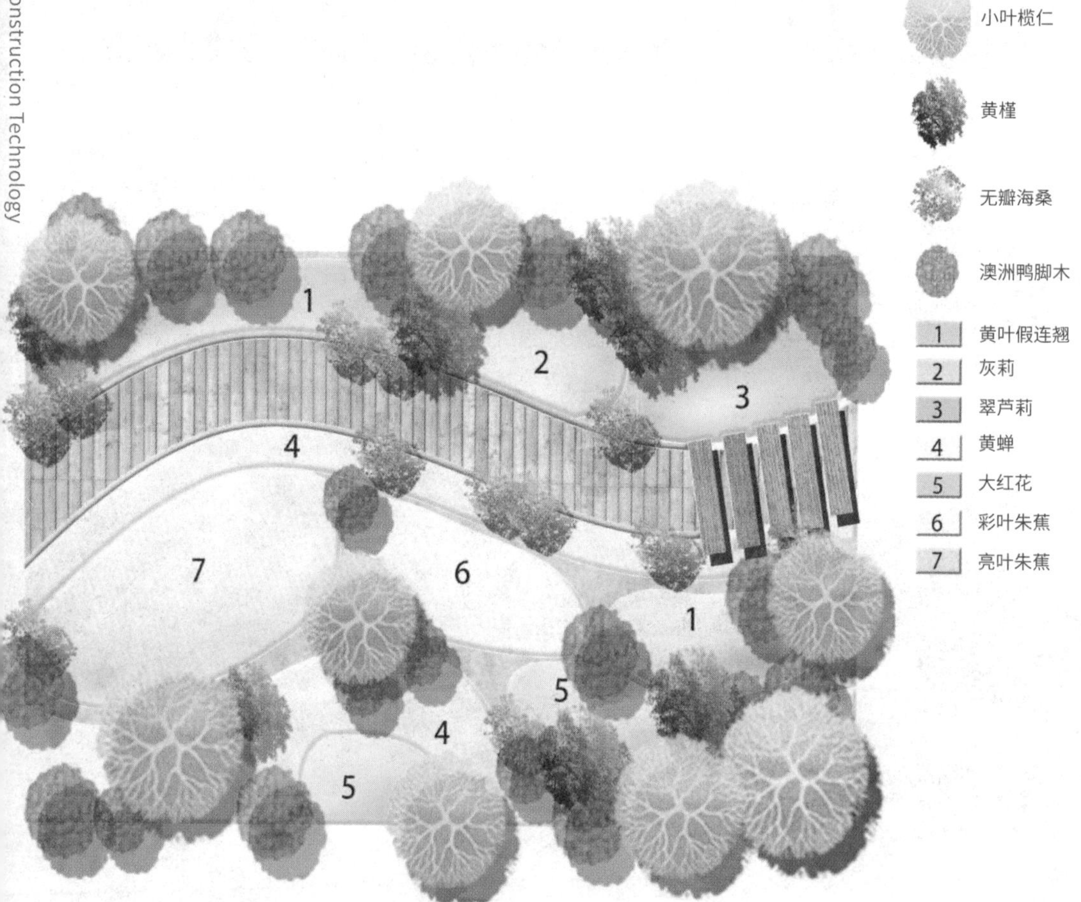

滨海湿地模式 2 平面图

滨海湿地模式 2 立面图

滨海湿地模式 2 实景图（富力红树湾）

5. 防护林

防护林是指沿海地区以防护为主要目的的森林、林木和灌木林。沿海防护林体系不仅具有防风固沙、保持水土、涵养水源的功能，而且对沿海地区防灾、减灾和维护生态平衡起着独特而不可替代的作用。要从滨海的实际情况出发，合理安排好林种布局，做到多林种、多树种、多层次、多功能科学配置。

(1) 植物选择

华南滨海地区防护林植物资源选择，推荐如下种类。

滨海防护林植物选择

类型	植物种类
乔木	海杧果、黄槿、苦楝、海枣、刺桐、水黄皮、琼崖海棠（红厚壳）、无瓣海桑、台湾相思、杨叶肖槿、莲叶桐、木麻黄、细枝木麻黄、黄连木、高山榕、榄仁、湿地松、白千层、银叶树、朴树、玉蕊、潺槁木姜子、椰子、秋茄、乌桕、海莲、南洋杉、人心果等
灌木	露兜树、海桐、草海桐、柽柳、银合欢、木榄、芙蓉菊、苦槛蓝、树蓼、苦郎树、榄李、马甲子、桐花树、福建茶、九里香、木槿、夹竹桃、刺篱木、仙人掌等
草本	文殊兰、美丽月见草、海刀豆、山菅兰、沟叶结缕草、天人菊、长春花、剑麻、匐枝栓果菊、滨豇豆、狼尾草、沟叶结缕草、海滨月见草、单叶蔓荆、厚藤等

(2) 植物配置分析

为提高沿海防护林的防护效能，实现从一般性生态防护功能向以应对海啸和风暴潮等突发性生态灾难为重点的综合性防护功能扩展，应从沿海的实际情况出发，合理安排好林种布局，提倡营造多林种、多树种、多层次、多功能的混交林。在模拟自然植被的基础上，选择抗风能力强、耐盐能力强、具备改良土壤能力的植物，以“乔—灌—草”的组合模式等形成稳定的防护林群落。

滩涂、沙岸与内部海岸带自然过渡，该配置模式以高潮线为界，分为潮上带与潮间带。潮间带由于土质为砂土，受潮汐影响，其立地条件限制了上层植物的生长，故绿化景观以厚藤、海刀豆、海边月见草、单叶蔓荆、刺篱木等砂生草丛、刺灌丛为主，以形成开阔疏朗的绿化景观效果。砂岸前沿多为流动沙土，颗粒松散、随风移动、缺水缺肥，且日照强烈、土温日较差大，不宜耕作，最适宜营造防护林带。可以木麻黄为主，白千层、榄仁、椰子相互混交，林下搭配苦槛蓝、厚藤、海刀豆等草本、藤本、灌木植物丰富林带层次，增强林带的抗风能力，减少森林的病虫害。

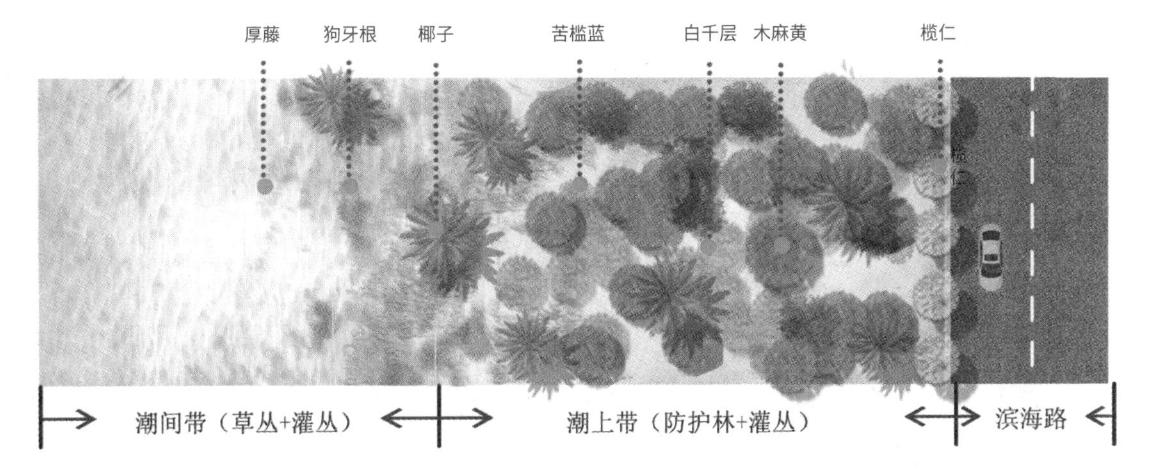

沿海防护林群落配置模式平面图

沿海防护林群落配置模式立面图

（四）案例解析

01

深圳前海紫荆园
Shenzhen Qianhai Bauhinia Garden

1. 项目概况

深圳前海紫荆园建成时间为 2017 年 6 月，占地面积约 25 000m^2，为广州普邦园林股份有限公司的“设计—施工—养护”一体化项目。全园以香港特区红花紫荆及深圳宫粉紫荆为主要品种，寓意深港两地“手足情深，共谋发展”，也象征深港两地现代服务业合作区“繁荣兴旺，蒸蒸日上”。同时，紫荆园是华南地区唯一的羊蹄甲属植物专类园，对于香港回归纪念、科普教育有着重要意义。项目秉承疏朗、通透、简洁、大气的风格定位，以“上层自然、中层简化、下层精致”的垂直层次和“留边、留白”的水平层次搭配来实现景观品质，营造绿意盎然的前海活力园林新区形象。2018 年，该项目荣获“2017－2018 年度广东省绿化养护优良样板工程”金奖。

02

01 紫荆园实景图
02 时任香港特首林郑月娥及深圳市前海管理局相关领导参加紫荆园开园仪式
03 紫荆园平面图

2. 技术措施

前海紫荆园共种植有羊蹄甲属植物 6 种，共 371 株，占总乔木比例的 71.5%，包括红花羊蹄甲、洋紫荆（宫粉紫荆）、云南羊蹄甲、嘉氏羊蹄甲和首冠藤。园内运用不同主题的花境形式，采用自然式配置方法，以特色乔木（主要为红花羊蹄甲、洋紫荆、云南羊蹄甲等）为主景树、常绿乔木（如人面子、非洲桃花心木、秋枫、假苹婆、香樟等）为基调背景林，通过控制苗木株距来体现疏朗的效果，勾勒出自然天际线，体现“自然生态，简洁人居”的设计主题。各片区分别以勒杜鹃、朱顶红、醉蝶花、香彩雀等为主题，在重要节点、人流密集地段，运用鲜艳的时花（如孔雀草、长春花、矮牵牛、一串红、百日草等）打造出“美丽、生态、宜居”的景观环境。

紫荆园“主景大乔木 + 精品苗木类”植物选择

序号	名称	规格					数量	单位
		胸径（cm）	地径（cm）	高度（m）	分枝点（m）	冠幅（m）		
1	人面子 D（特选）	50～60		9～10	2.5～3	5.5～6	6	株
2	人面子 B（特选）	30～35		7.5～8	2.5～3	5～5.5	3	株
3	三杆香樟 C(特选)		50～55	10～11		4～5	4	株
4	双杆香樟 D(特选)		60～65	10～11		4～5	2	株
5	多头香樟 E(特选)		80～100	8.5～9		5.5～6	4	株
6	多头香樟 F(特选)		110～130	11～12		6～8	2	株
7	红花羊蹄甲（特选）	60～70		11～13	3～3.5	6～8	7	株
8	红花玉蕊 B	35～39		7～8	3～4	4.5～5	6	株
9	红花玉蕊 C	40～42		8～9	3～4	4.5～5.5	5	株
10	假苹婆 D(特选)	40～45		9～10	4～5	5.5～6	5	株
11	双杆冬青（特选）		70～80	9～10		4～5	1	株
12	南洋楹 B（特选）	25～29		7.5～8	3～3.5	5～5.5	3	株
13	南洋楹 C（特选）	30～34		9～10	3～3.5	5～5.5	2	株

紫荆园乔木树种选择

序号	名称	规格					数量	单位
		胸径（cm）	地径（cm）	高度（m）	分枝点(m)	冠幅（m）		
1	篦齿苏铁 A			3～3.5		2.5～3	2	株
2	双杆篦齿苏铁 B	72～80		5～5.5		5～5.5	2	株
3	篦齿苏铁 C			7～7.5		3.5～4	1	株
4	非洲桃花心木 B	13～15		5～5.5	2.5～3	3～3.5	16	株
5	红花羊蹄甲 D	18～20		5～5.5	2～2.3	4～4.5	32	株
6	红花羊蹄甲 B	11～13		4～4.5	2～2.3	3～3.5	62	株
7	宫粉紫荆 C（白花）	8～10		3.5～4	2～2.5	2.5～3	4	株
8	宫粉紫荆 D（粉花）	11～13		4.5～5	2～2.5	3～3.5	133	株
9	云南羊蹄甲	25		7.5～8	3～3.5	3～3.5	2	株
10	云南羊蹄甲 A	12～13		5～6	1.5	2～2.5	19	株
11	云南羊蹄甲 B	14～16		5～6	1.5	2.5～3	40	株
12	云南羊蹄甲 C	18～20		5～6	1.5	2.5～3	28	株
13	云南羊蹄甲 D	16～20		7.5～8	3～3.5	2.5～3	16	株
14	水蒲桃 B	11～13		4～4.5	2～2.3	3～3.5	22	株
15	麻楝 B	11～13		4.5-5.5	2～2.3	4～4.5	10	株
16	杨梅			2.5～3		3	15	株
17	无刺枸骨			2.5～3		3	4	株
18	嘉宝果 A（丛生）	4 分支以上		2.2～2.5		2.2～2.5	27	株
19	嘉宝果 B（丛生）			3.5～3.8		3.5～3.8	40	株
20	丛生柚子 B		18～20	3～3.5		4	22	株
21	丛生柚子 C		20～22	4～4.5		4		株
22	宫粉紫荆 C（白花）	8～10		3.5～4	2～2.5	2.5～3		株
23	增嘉宝果 A（丛生）	4 分支以上		2.2～2.5		2.2～2.5		株
24	嘉宝果 B（丛生）			3.5～3.8		3.5～3.8		株

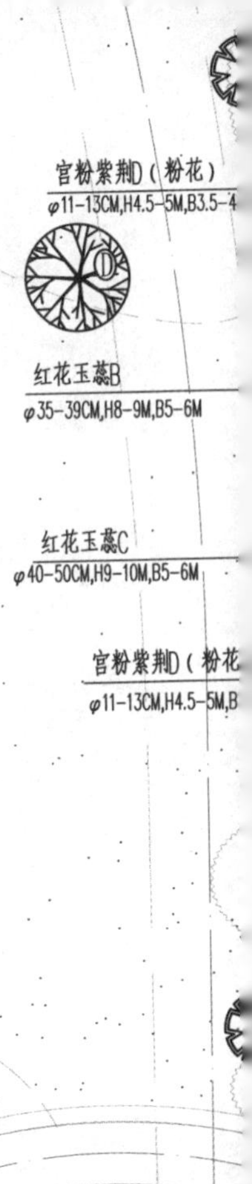

04 紫荆园植物群落配置实景图

05 紫荆园主入口景观乔木配置平面图

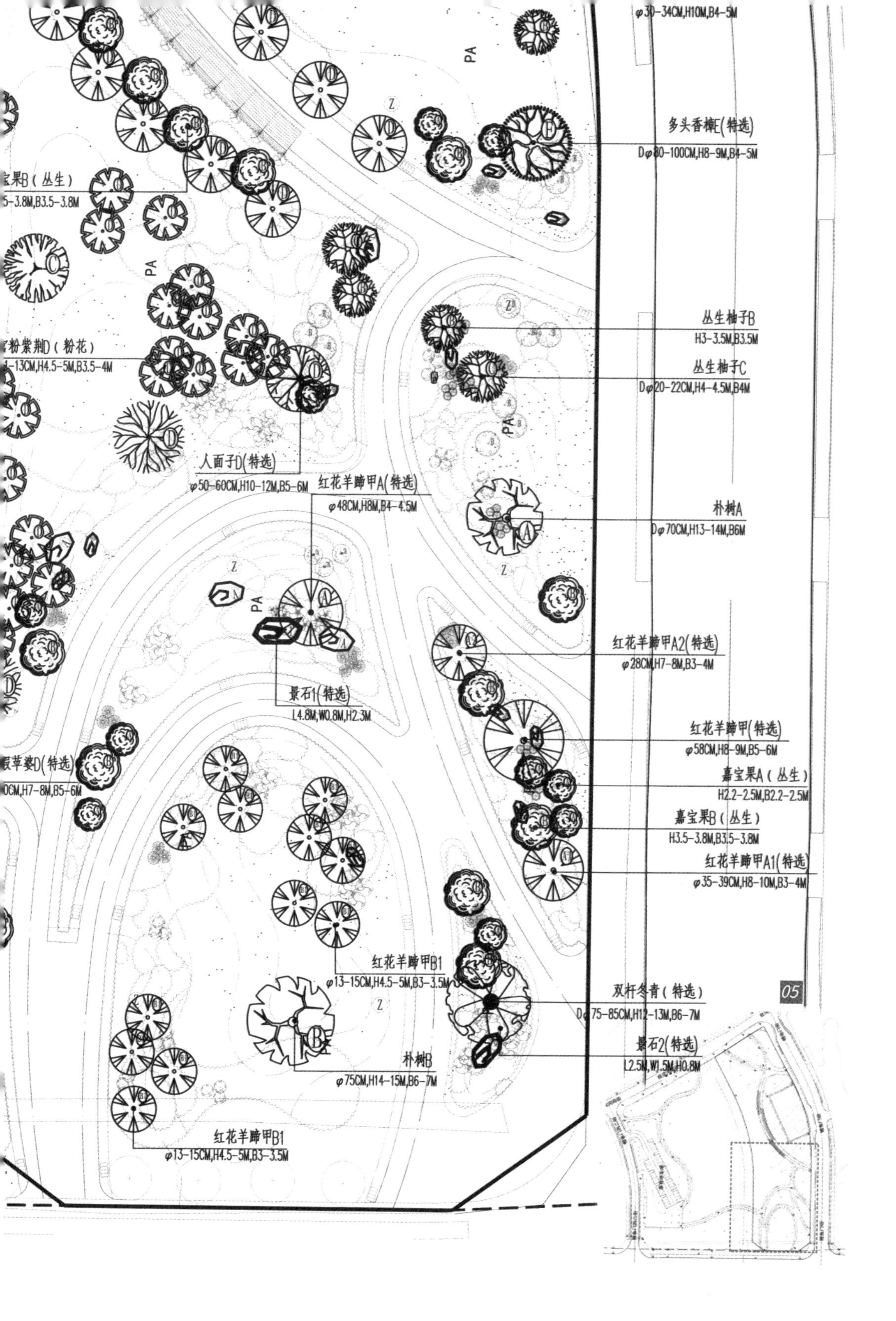
φ30-34CM,H10M,B4-5M
多头香樟E(特选)
Dφ80-100CM,H8-9M,B4-5M
宝果B(丛生)
5-3.8M,B3.5-3.8M
粉紫荆D(粉花)
-13CM,H4.5-5M,B3.5-4M
丛生柚子B
H3-3.5M,B3.5M
丛生柚子C
Dφ20-22CM,H4-4.5M,B4M
人面子D(特选)
φ50-60CM,H10-12M,B5-6M
红花羊蹄甲A(特选)
φ48CM,H8M,B4-4.5M
朴树A
Dφ70CM,H13-14M,B6M
红花羊蹄甲A2(特选)
φ28CM,H7-8M,B3-4M
景石1(特选)
L4.8M,W0.8M,H2.3M
红花羊蹄甲(特选)
φ58CM,H8-9M,B5-6M
假苹婆D(特选)
0CM,H7-8M,B5-6M
嘉宝果A(丛生)
H2.2-2.5M,B2.2-2.5M
嘉宝果B(丛生)
H3.5-3.8M,B3.5-3.8M
红花羊蹄甲A1(特选)
φ35-39CM,H8-10M,B3-4M
红花羊蹄甲B1
φ13-15CM,H4.5-5M,B3-3.5M
05
双杆冬青(特选)
Dφ75-85CM,H12-13M,B6-7M
景石2(特选)
L2.5M,W1.5M,H0.8M
朴树B
φ75CM,H14-15M,B6-7M
红花羊蹄甲B1
φ13-15CM,H4.5-5M,B3-3.5M

06

06 紫荆园植物群落配置实景图

07 紫荆园主入口景观灌木配置平面图

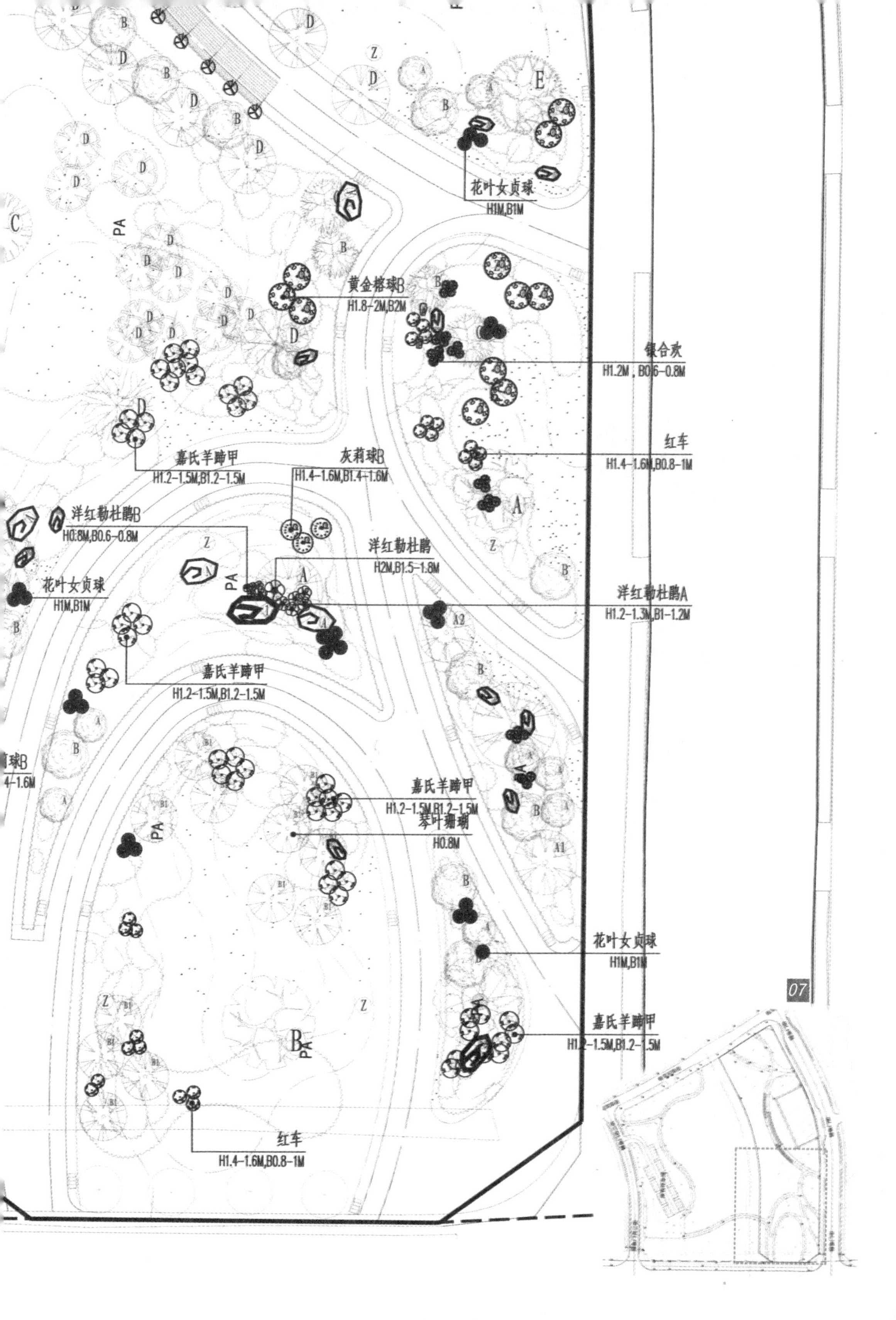
花叶女贞球
H1M,B1M
黄金榕球B
H1.8-2M,B2M
银合欢
H1.2M，B0.6-0.8M
红车
H1.4-1.6M,B0.8-1M
嘉氏羊蹄甲
H1.2-1.5M,B1.2-1.5M
灰莉球B
H1.4-1.6M,B1.4-1.6M
洋红勒杜鹃B
H0.8M,B0.6-0.8M
洋红勒杜鹃
H2M,B1.5-1.8M
花叶女贞球
H1M,B1M
洋红勒杜鹃A
H1.2-1.3M,B1-1.2M
嘉氏羊蹄甲
H1.2-1.5M,B1.2-1.5M
嘉氏羊蹄甲
H1.2-1.5M,B1.2-1.5M
琴叶珊瑚
H0.8M
花叶女贞球
H1M,B1M
嘉氏羊蹄甲
H1.2-1.5M,B1.2-1.5M
红车
H1.4-1.6M,B0.8-1M
07

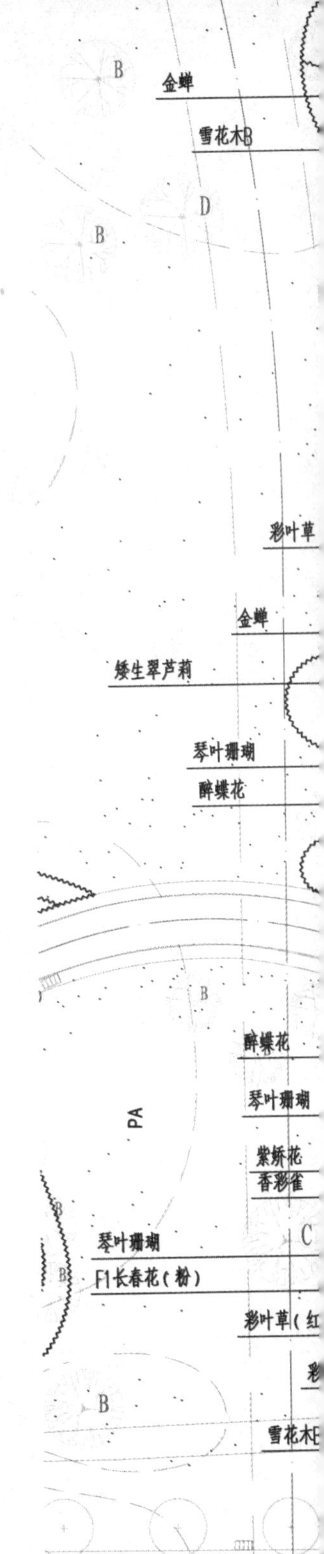

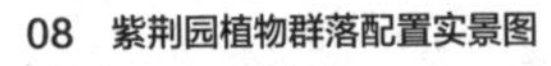

08　紫荆园植物群落配置实景图

09　紫荆园主入口景观地被配置平面图

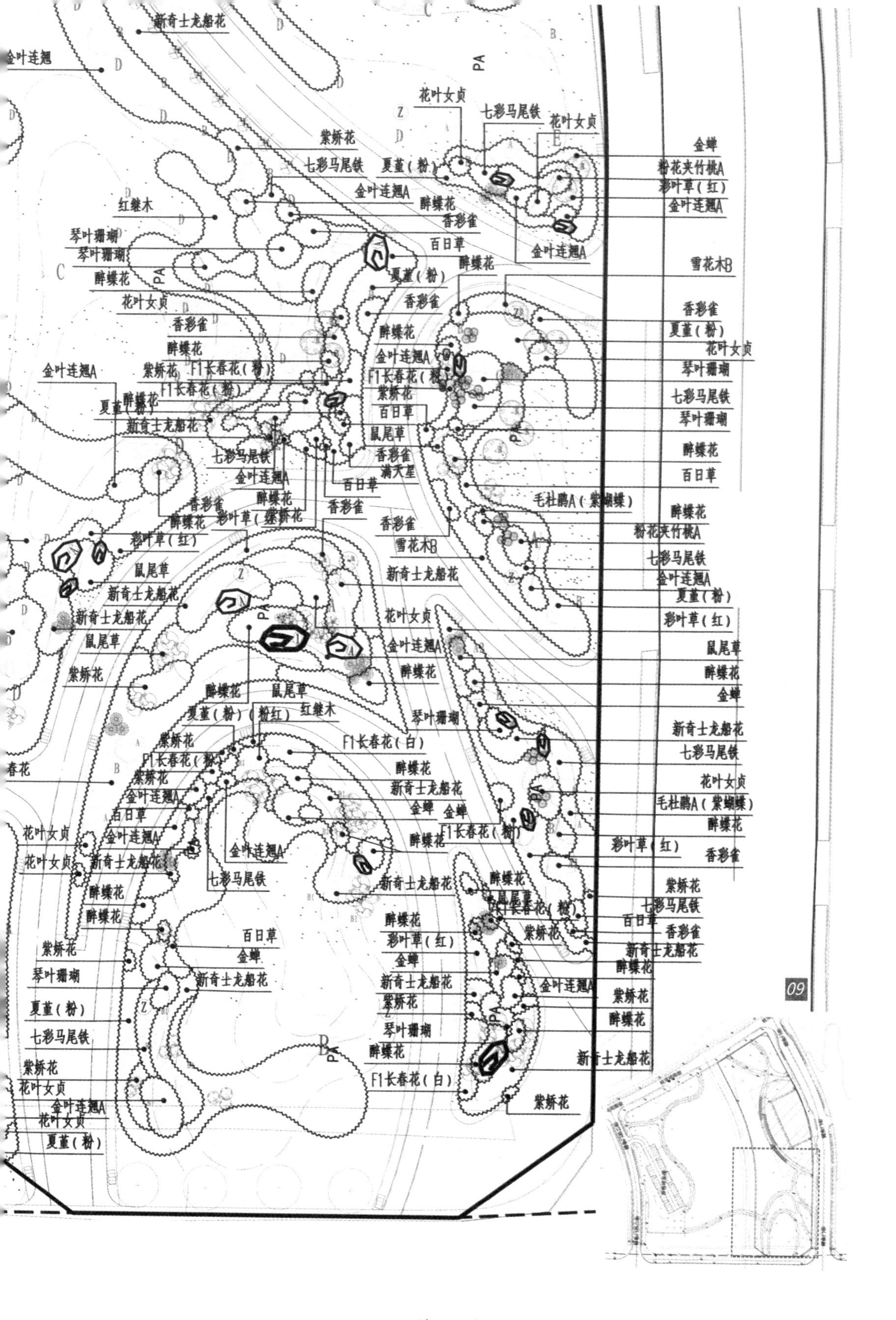
新奇士龙船花
金叶连翘
PA
花叶女贞
七彩马尾铁
花叶女贞
紫娇花
七彩马尾铁
夏堇（粉）
金蝉
粉花夹竹桃A
彩叶草（红）
金叶连翘A
金叶连翘A
醉蝶花
红继木
香彩雀
琴叶珊瑚
琴叶珊瑚
百日草
金叶连翘A
醉蝶花
雪花木B
醉蝶花
夏堇（粉）
花叶女贞
香彩雀
香彩雀
香彩雀
夏堇（粉）
醉蝶花
花叶女贞
醉蝶花
金叶连翘A
琴叶珊瑚
金叶连翘A
紫娇花
F1长春花（粉）
F1长春花（粉）
七彩马尾铁
F1长春花（粉）
紫娇花
醉蝶花
夏堇（粉）
百日草
琴叶珊瑚
新奇士龙船花
鼠尾草
香彩雀
醉蝶花
七彩马尾铁
满天星
百日草
金叶连翘A
百日草
醉蝶花
香彩雀
毛杜鹃A（紫蝴蝶）
醉蝶花
香彩雀
醉蝶花
彩叶草（紫娇花）
香彩雀
粉花夹竹桃A
彩叶草（红）
雪花木B
七彩马尾铁
鼠尾草
新奇士龙船花
金叶连翘A
新奇士龙船花
夏堇（粉）
新奇士龙船花
花叶女贞
彩叶草（红）
鼠尾草
金叶连翘A
鼠尾草
紫娇花
醉蝶花
醉蝶花
金蝉
醉蝶花
鼠尾草
夏堇（粉）
（粉红）
红继木
琴叶珊瑚
新奇士龙船花
紫娇花
F1长春花（白）
七彩马尾铁
F1长春花（粉）
醉蝶花
花叶女贞
春花
紫娇花
新奇士龙船花
金叶连翘A
金蝉
金蝉
毛杜鹃A（紫蝴蝶）
百日草
F1长春花（粉）
醉蝶花
花叶女贞
金叶连翘A
醉蝶花
彩叶草（红）
香彩雀
花叶女贞
新奇士龙船花
金叶连翘A
七彩马尾铁
新奇士龙船花
醉蝶花
紫娇花
醉蝶花
鼠尾草
F1长春花（粉）
七彩马尾铁
醉蝶花
醉蝶花
紫娇花
百日草
香彩雀
彩叶草（红）
百日草
新奇士龙船花
紫娇花
金蝉
金蝉
醉蝶花
琴叶珊瑚
新奇士龙船花
新奇士龙船花
金叶连翘A
夏堇（粉）
紫娇花
紫娇花
七彩马尾铁
琴叶珊瑚
醉蝶花
紫娇花
醉蝶花
新奇士龙船花
花叶女贞
F1长春花（白）
金叶连翘A
花叶女贞
紫娇花
夏堇（粉）
09

10～12　紫荆园植物群落配置实景图

13 紫荆园实景图

3. 景观效果

紫荆园作为深圳前海自贸区的迎宾园，重点打造了 2 200m² 的“花境”，凭借层次丰富的花境造景、主题鲜明的紫荆特色景观，成为前海环境与绿化“双提升”工程的新亮点和视觉焦点。紫荆园顶层用疏朗开阔的主景乔木勾勒出自然天际线；中层疏密适中，视线的通透与阻隔营造宜人的观赏空间；底层开朗，方便人们享受草坪和阳光。紫荆园每年有近 6 个月的花期，营造出五彩缤纷、紫荆争艳的景观效果。寓意粤港澳深度合作示范区共同繁荣的紫荆园以其特殊意义成为前海的一道亮丽风景，助力海湾新城以全新风貌和多彩活力，热情迎接广大市民和八方宾客的到来。

01

珠海长隆横琴湾酒店
Zhuhai Chimelong Hengqin Bay Hotel

1. 项目概况

珠海长隆横琴湾酒店位于珠海长隆国际海洋度假区的中心位置，项目的设计、工程施工均为广州普邦园林股份有限公司，设计时间为 2013 年 4 月，建成时间为 2015 年 6 月，面积约 159 000m^2。横琴湾酒店作为中国最大的海洋生态主题酒店，整体格调奢华大气，项目以长卷画式植物造景为依据，从入口到酒店大堂的空间处理如同一部 3D 电影，游人游历其间，所观所感不断变化。该项目荣获了 2017–2018 年度“广州市优秀工程勘察设计奖”一等奖。

02

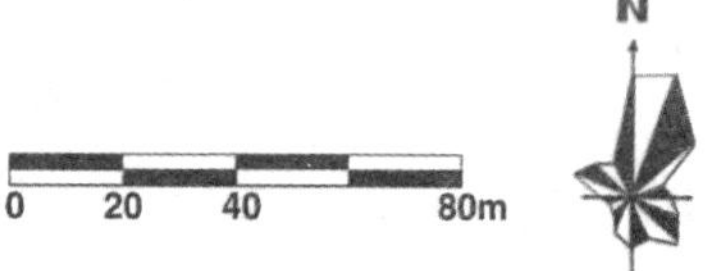

01、02　横琴湾酒店项目实景图
03　横琴湾酒店平面图

04　横琴湾酒店鸟瞰图
05 ~ 07　横琴湾酒店夜景图

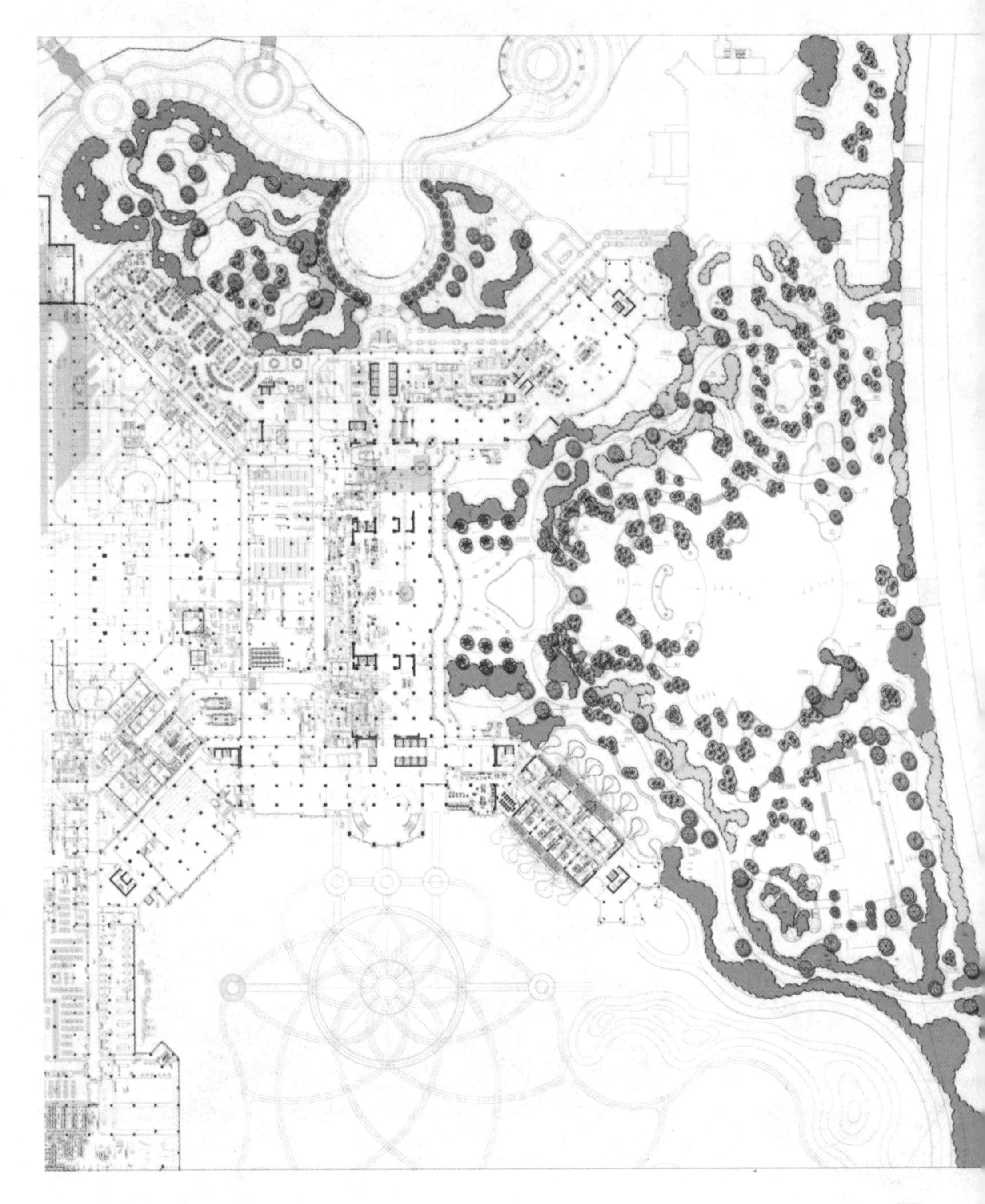

08

主要棕榈植物：

主景乔木：

疏林空间：

密林空间：

09

08、09　横琴湾酒店主要乔木分析图

10

11

2. 技术措施

设计师大量使用了适生植物进行造景，不仅降低了维护成本，还提高了养护技术，主要有罗汉松、黄金榕、黄槿、福建茶、野牡丹、红花檵木、鸭脚木、苏铁等。通过孤植、片植、混植等多种方式搭配其中，营造出独特的园林景观。

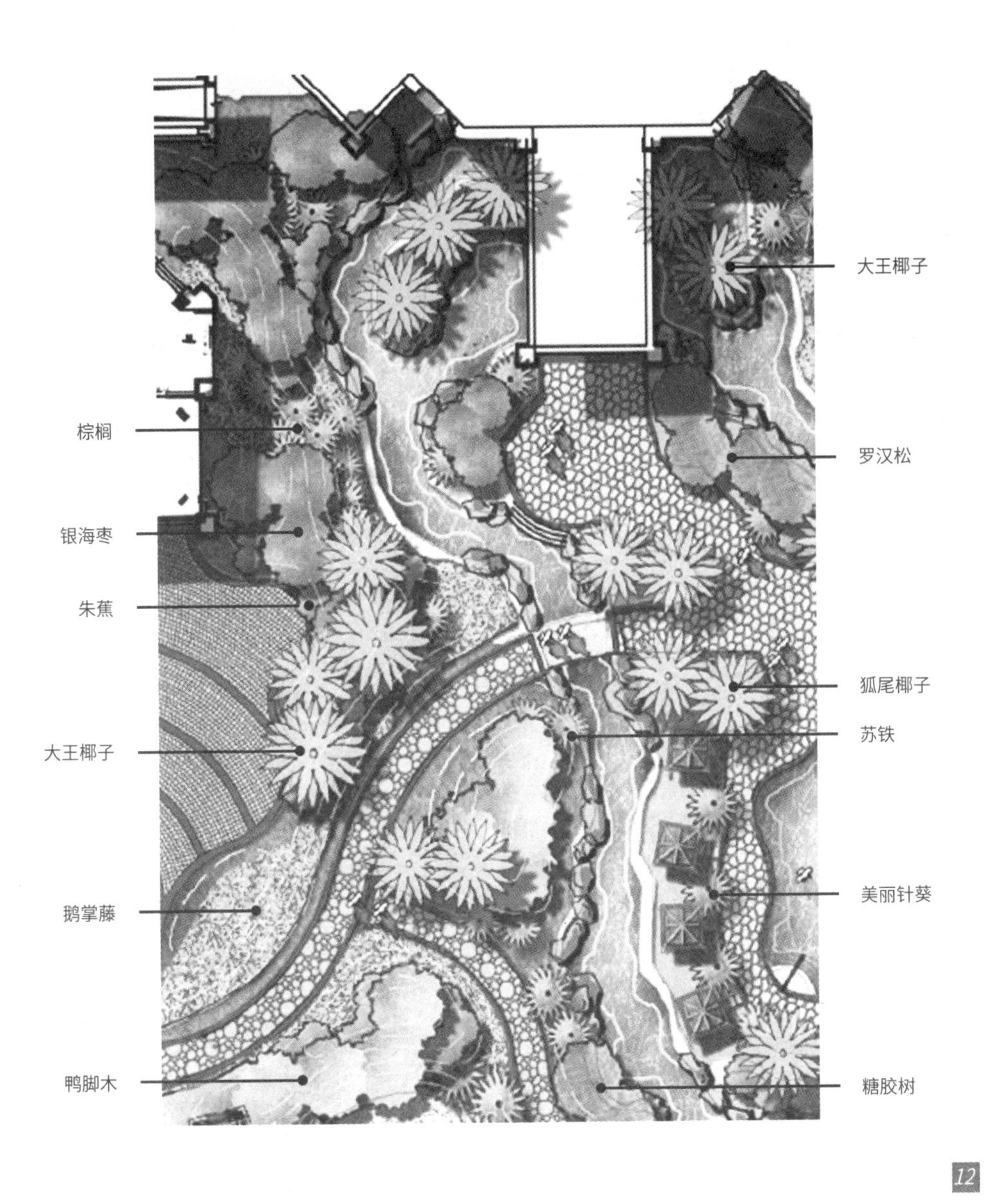

10、11　横琴湾酒店植物配置实景图
12　横琴湾酒店局部植物配置平面图

14

15

为了体现本土的山水理念，赋予景观更多吉祥瑞气,把罗汉松选定为造景主要树种。罗汉松随山石动势而造型，气韵生动，大面积群植与山石造景配置得当，营造出气势恢宏的场景，串联起整个景观序列。罗汉松的苍翠色调予人苍凉、寒冷之感，为活跃画面，以“详写山脚”（出自王欣《如画观法》园中造大山的做法，即为隐去山腰，复现山顶）的手法进行局部造景，再以缤纷色彩植物进行点缀。罗汉松的深翠与洁净的白砂石铺地相配，红紫花朵点缀其中，显得聚散有致。

13、14　横琴湾酒店入口景观植物配置实景图
15　横琴湾酒店入口景观植物配置平面图

16、18　横琴湾酒店项目实景图
17　横琴湾酒店泳池植物配置图

酒店的景观设计充分考虑了景观与建筑的协调统一，强调舒适自然的酒店景观与意境营造相结合。加拿列海枣的整齐阵列引领游人进入酒店，罗汉松的精致组景犹如雕塑，空间中渗透着禅意，创造出一个充满热带海洋风情的主题园林。

设计师将铺装纹样精致的豚池与泳池相结合，突出海洋主题特色，极大地增加了游客游泳的趣味性。项目中大量种植棕榈科植物，力求创造一个充满热带海洋风情、集功能与美观于一体的多层次酒店景观。

16

17

18

19

20

3. 景观效果

横琴湾酒店的景观设计旨在立足岭南地区，但又不局限于岭南古典园林的营造技术，追求传承与再现中国山水画和传统园林意境的营造，并延伸到当代的热带雨林之中。酒店从硬质景观的选材、选样、定色到软质景观的苗木品种选择、种植手法等都与主题定位相匹配，力求营造出各具特色的主题园区，其体现出来的园林意境与普通自然形态的植物景观完全不同，令人耳目一新。

19 横琴湾酒店中庭广场植物配置图
20 横琴湾酒店植物配置效果图
21 横琴湾酒店项目实景图

01

阳江海陵岛十里银滩
Yangjiang Hailing Island Shili Silver Beach

1. 项目概况

阳江海陵岛十里银滩的设计规模达330000m^2，是广州普邦园林股份有限公司的“设计－施工”一体化项目。项目以“和谐自然、生态优先”为基本原则，尊重自然，顺应自然，充分利用原有场地的各种景观要素（如地形、水系、植物群落等）结合微地形变化组织空间，因势造园，筑台理水，配合植物群落结构层次的变化，同时紧扣“淳厚、质朴”的地域文化特色，营造动静结合、形态丰富的景观序列。该项目荣获中国风景园林学会“优秀风景园林规划设计奖”三等奖、广东省“优秀园林景观专项”一等奖、广州市“优秀工程勘察设计奖”一等奖。

02

01、02　十里银滩实景图
03　十里银滩总平面图

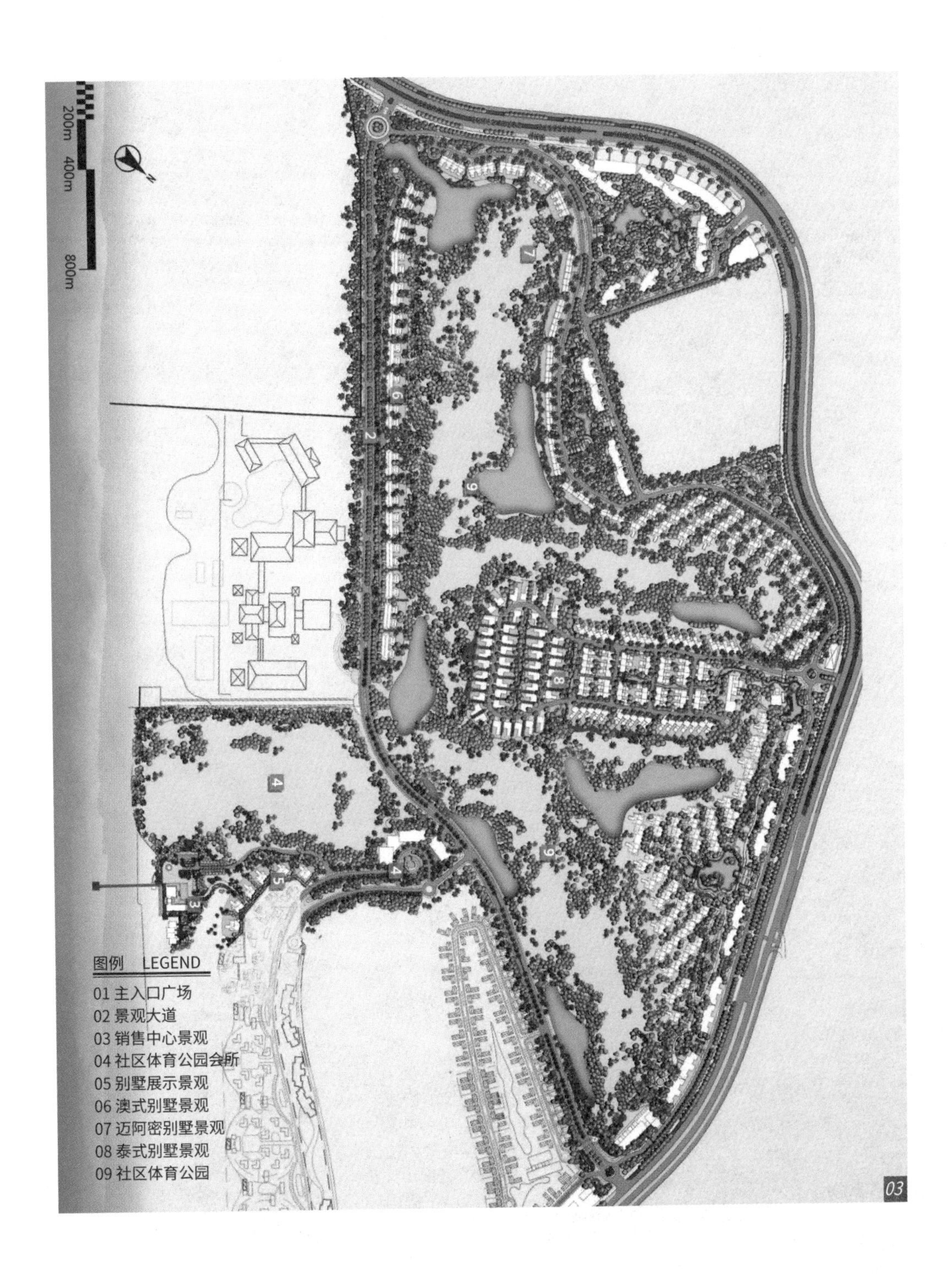

04

05

04 十里银滩开合有度的泳池设计
05 十里银滩酒店建筑与景观的和谐统一
06 十里银滩酒店建筑群前景观
07 十里银滩实景图

2. 技术措施

滨海地区自然条件恶劣，气候干燥，台风灾害严重，而且盐雾沉降、土壤质地疏松、保水保肥性能差，给绿化和养护工作造成了极大困难。项目伊始就坚持以“适地适树”“先试点后铺开”“带着研究精神”的原则进行生态设计，遵从“设计尊重自然”，把对自然的破坏影响降到最低。坚持“适地适树”的

08 迈阿密风情园节点平面图

原则，要结合“改地适树”的试验方法，充分利用乡土植物及相同气候带的植物资源，选种一批抗风、耐盐碱的园林植物，保证绿化工程效果，营造富有沿海地域特色的植物景观和空间。项目整体通过景观大道、澳洲风情度假区、美洲迈阿密风情度假区和泰式风情度假区等的重点建设，打造出一个自然健康、舒适高雅的文化社区。

09 迈阿密风情园节点剖面图
10 迈阿密风情园节点效果图
11 迈阿密风情园节点实景图
12 十里银滩实景图

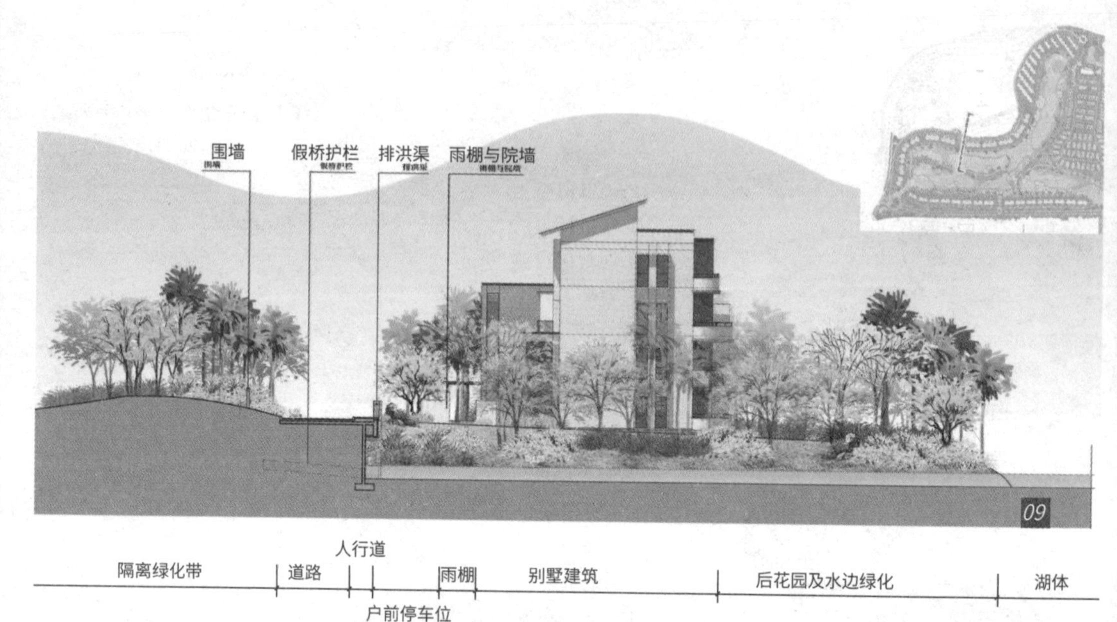

延续科学造园一贯推崇的自然生态方向，充分利用原有的地形、水系及其所涵盖的其他自然产物作为主要景观元素。在植物选择上，选择树形较好、冠幅较大的乔木代替移植胸径超过20cm 的大树，减轻对大自然中树木的破坏，同时提高苗木成活率。利用地形及大冠幅乔木形成大面积阴蔽纳凉区域，起到较好的降温效果。

11

12

13

14

15

16

13　十里银滩热带植物风情
14　十里银滩植被丰富的微地形营造
15　十里银滩泳池实景
16　十里银滩多层跌水池实景

17　十里银滩实景图

3. 景观效果

项目以营造安静、自然、简约的植物景观为最终目的，道路两侧或中央的绿化带以群植为主，与住宅前绿化配合相得益彰。景观大道地势起伏有致，特别是紧靠体育公园的路段，群植的林带与公园内高低起伏的大草坪、生态村相互渗透，环境纯净宜人。海陵岛海滩上洁白的沙子被浓缩成了体育公园内的沙池，其周边挺拔的椰子树、棕榈树以及千针万缕的针叶树木挥洒着生命的绿色。整个项目的绿化设计结合周边环境做到空间收放有致，飘拂的白云和张扬的绿树共同构筑出南国风情度假区明媚的风光。

3 土壤改良

Soil Improvement

滨海地区土壤含盐量高、碱度大、物理结构差、养分缺乏，不能满足大部分植物的生长需要，甚至造成植株死亡，严重影响农林业生产和土地绿化。滨海盐碱地约占我国盐碱地总面积的 8.5%，主要位于我国东部和南部沿海地区，大多为半湿润、湿润氯化物滨海盐碱土或硫酸盐性滨海盐碱土。要在这种恶劣的条件下建设园林绿化工程，恢复生态环境，提高土地的开发利用，就必须处理好土壤改良、排盐碱等问题，采取多种改良措施有效降低土壤中可溶性盐含量和 pH 值。

（一）工程排盐碱

1. 明沟排盐

明沟排盐法是指结合水利工程，用带状沟渠系统将绿化地段分割为条带状。沟渠的作用一方面为排水，另一方面为蓄积雨水，通过排水降低种植土的地下水位，通过蓄积雨水促进脱盐，同时利用客土层提供根系的良好生长环境，客土层抬高土面，利用高差进行排水淋盐，达到改土的目的。这一模式适用于盐碱程度中等、地势较高、原有排灌渠系畅通的地段，在道路两侧绿化应用较广。

雨水收集结合排盐法通过地形的塑造，设置不同的雨水收集下凹绿地，收集一定的雨水，起到压盐的作用，同时在地形较低的一侧设置排盐沟，收集盐碱水，并种植耐盐植物。

“一带一沟挑沟做台”绿化工程模式就是指人工挖沟，并将挖沟的原土上挑做成林带种植台，抬高林带种植土，台上再加 40cm 客土层，这样就加大了土表与地下水位之间的高差，通过林带种植土与沟渠底部的高差达到自然淋盐的目的。

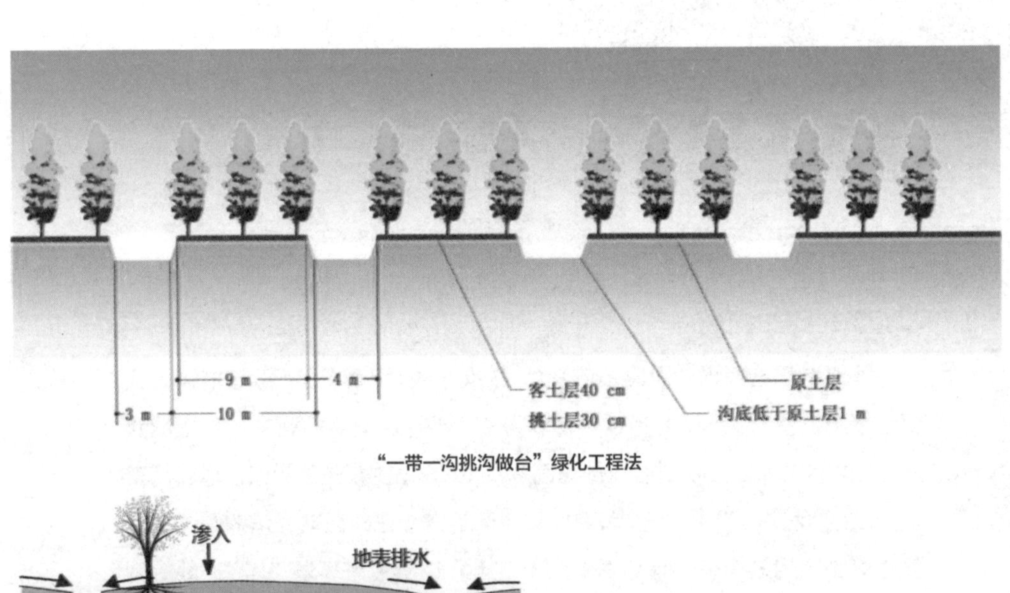

“一带一沟挑沟做台”绿化工程法

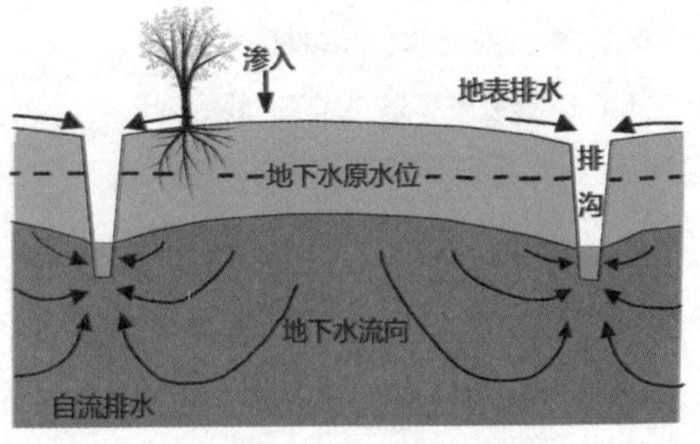

明沟排盐法

2. 渗管排盐

(1) 确定位置，开挖排盐沟

施工前，要测量定点放线，确定排碱井、排盐沟的位置标高，并沿放线位置开挖排盐沟。挖的排盐沟要始端深末端浅，坡度为0.4%，每隔 20m 设置一条。其底部要夯实，将挖出的碱土清走。

(2) 铺设渗管

铺设渗管前，在排盐沟下铺 10cm 细沙，下放渗管，保持渗管平直，然后回填 15cm 客土。渗管表面用棕皮、土工布、编织布或麻袋片包裹，并用铁丝或麻绳扎紧，再用碎石覆盖渗管，且高出渗管 30cm，然后在客土上铺 20cm 碎石层，再在碎石层上铺 10cm 土工布或有机质层，最后填种植土层，整形。

步骤 2：铺设排盐渗管

步骤 3：回填客土

开挖排盐沟

步骤 4：用编织布或麻袋膜包裹渗管

步骤 1：排盐沟下铺细沙

步骤 5：铺设土工布和碎石

（3）砌筑排碱井

排碱井壁用灰砂砖砌筑，底部为 0.95cm 素砼，内外砖缝间用水泥砂浆填补，井高约 80cm，宽 70cm。

砌筑排碱井

（4）改良排水沟

建高约 110cm 的花坛，将花坛中地表以下 30~35cm 的盐碱土取出，然后用粗砂铺设在坑的底部，厚度为 20~25cm，再在粗砂的上面铺设 20cm 厚的炉灰渣，然后用客土将花坛垫平。

（5）具体施工流程

①在花坛表面内撒上生根粉，翻土后种上植物，种植土层的盐量不高于 2‰，含碱量不高于 7‰，深度不小于 10cm。

②所用渗管直径为 40cm，管上每隔 12.5cm 开一圈七孔，孔直径为 2.5cm，管底不开孔。

③种植土层由树穴填土灌水培养制得，厚度为 15cm，土层内填入园林绿化废弃物。

④花坛内种植的植物为蝶醉花和彩叶草。

⑤碎石层采用直径为 0.5cm 的砾石和炉渣。

⑥种植土层上覆盖土工布。

⑦排碱井外壁采用 1: 2.5 水泥砂浆掺防水粉进行粉刷。

（二）客土置换

所谓客土，即指从异地移来的土壤，常用来代替原生土。客土置换，即用质地较好或较为肥沃、有害物质含量低的土壤，对盐碱地、废弃矿山、边坡污染地带等不良土壤进行覆盖、混合，以达到改良土壤的目的，又称客土改良技术。

土壤改良

1. 原有土壤改良

对于土质黏性过大、土壤板结严重、整个种植区域布满建筑垃圾的种植区域，为确保绿化植物的成活率，应进行全区域原有土壤改良。

(1) 改土

将 30 ～ 40cm 厚表层土按 5∶3∶2 的比例混入中沙、泥炭土进行改土。

(2) 整地、施肥

深耕整地、疏松土壤并加拌有机肥，降低土壤含盐量，改善肥力及透气性。

2. 种植穴换土

针对大型乔木及特殊景观树种的种植，可以在种植穴范围内进行营养土置换。

①部分大型乔木可在树穴底层及侧面超挖 50cm 以填充改良种植土，对土球形成环状保护，并加设排水措施。

②在地被种植区，对表层 60 ～ 80cm 深土壤进行改良种植土换填。

土壤加泥炭土、有机肥打碎

场外拌和客土运输

种植槽换土

原有土壤加拌有机肥改良

种植穴换土

（三）土壤复检

土壤改良等基质处理完成后，进行下一步工序之前，需对改良后土壤的盐碱、肥力等指标进行多方复检，种植土厚度及土壤基本理化性质符合标准后方可进行苗木种植。

为确保土壤改良后绿化植物生长良好，一般要求土壤 pH 值应符合本地区栽植土标准或处于 5.6 ～ 8.0 之间，全盐含量应低于 0.3%，土壤容重应为 1.0 ～ 1.35g/cm^3 之间，有机质含量不小于 1.5%。绿化栽植土壤有效土层厚度应符合规定。

改良土壤复检

改良土壤复检

苗木种植穴深度或根部土层厚度要求

<table>
<tr><th>项次</th><th>项目</th><th colspan="3">尺寸规格</th><th>土层厚度
（单位：cm）</th><th>检验方法</th></tr>
<tr><td rowspan="10">1</td><td rowspan="10">一般栽植</td><td rowspan="3">乔木</td><td colspan="2">胸径≥ 20cm</td><td>≥ 180</td><td rowspan="13">挖样洞、观察或尺量检查</td></tr>
<tr><td colspan="2" rowspan="2">胸径＜ 20cm</td><td>≥ 150（深根）</td></tr>
<tr><td>≥ 100（浅根）</td></tr>
<tr><td rowspan="2">灌木</td><td colspan="2">大中灌木、大藤本</td><td>≥ 90</td></tr>
<tr><td colspan="2">小灌木、宿根花卉、小藤本</td><td>≥ 40</td></tr>
<tr><td colspan="3">棕榈类</td><td>≥ 90</td></tr>
<tr><td colspan="2" rowspan="2">竹类</td><td>大径</td><td>≥ 80</td></tr>
<tr><td>中、小径</td><td>≥ 50</td></tr>
<tr><td colspan="3">草坪、花卉、草本地被</td><td>≥ 30</td></tr>
<tr><td colspan="3">（见上）</td><td></td></tr>
<tr><td rowspan="3">2</td><td rowspan="3">设施顶面绿化</td><td colspan="3">乔木</td><td>≥ 80</td></tr>
<tr><td colspan="3">灌木</td><td>≥ 45</td></tr>
<tr><td colspan="3">草坪、花卉、草本地被</td><td>≥ 15</td></tr>
</table>

（四）案例解析

深圳前海石公园提升工程
Shenzhen Qianhai Stone Park Improvement Project

1. 项目概况

前海石公园位于深圳市前海深港现代服务业合作区西部，处于大铲湾西侧、桂湾河水廊道入海口，该区是深港合作以及推进国际合作的核心区。项目所在地临近海岸，由填海而来，占地总面积约 90 000m^2，属纪念性公共开放公园。前海石见证着前海的美丽蝶变，见证着前海重要历史时刻，见证着特区改革开放再出发的历程，是前海最具代表性的标志物。

01 前海石
02 前海石花境

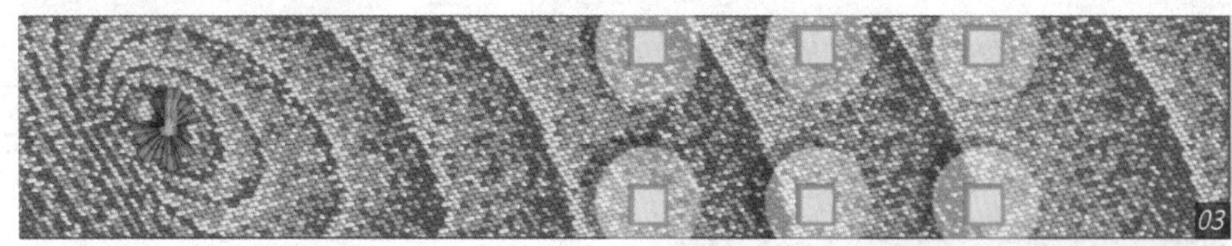
03

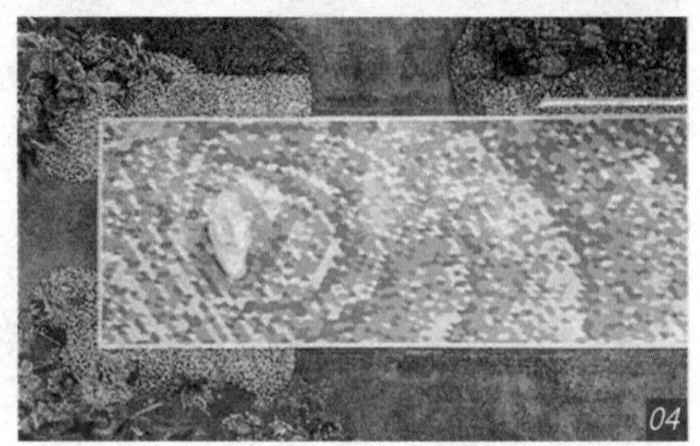
04

前海石观景平台呈狭长带状，南北纵向轴长 96m，东西横向宽 16m，轴线坐北朝南偏西 9°。平台的铺装设计以专家顾问、广州美术学院陈克教授所提出的“一石激起千层浪”为概念，以前海石为中心，采用渐变颜色的异型砂基透水砖结合参数化的互扣式拼装工艺，放射状地表现出波纹涟漪，强调前海石在平台上的主体地位，并通过基座提升前海石高度，以适应前海生机盎然的发展环境。

2. 技术措施

深圳前海项目整个地块均为填海而成，绿地土壤以砂壤土为主，容重偏高，非毛管

05

06

孔隙率偏低，保水、保肥能力差，部分区域还含有块石、建筑垃圾等不符合种植要求的块状硬质回填材料。据检测，项目片区土壤基本上属微碱性滨海盐土，绿地土壤有机质结果均未达到绿化种植最低20g/kg的要求，土壤贫瘠。另外，受海水倒灌影响，项目地块表面泛碱严重、土壤盐分含量高，同时还存在盐雾危害大等生态问题，严重影响到植物的正常生长。

（1）结构性改良

为提升前海石公园项目整体生态景观面貌，在种植植物前采用渗管排盐技术对地块盐土进行修复，将土壤中的部分盐分随水排走，并建立隔离层阻断海水沿毛细管孔隙上升，将地下水位控制在临界深度以下，且能充分利用雨水对土壤进行洗淘，脱盐率可达 20% ～ 40%。该技术缩短了排盐周期，降低了土壤含盐量，防止返盐，有效优化了植物生境。

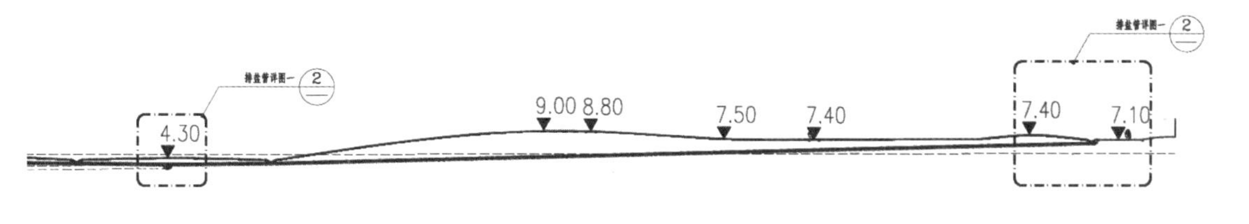

03　一石激起千层浪，前海石观景平台效果图
04　前海石观景平台鸟瞰图
05　项目施工前周边绿化原貌
06　前海石公园滨海长廊施工前原貌
07、08　土壤隔盐、排盐施工过程图

(2) 客土改良

该项目填海地带的弱碱性贫瘠土壤极不利于植物生长，为了改善植物生长，需要设计土壤改良方案。方案改良土壤配比为素土 (m^3) : 鸡粪 (kg) : 泥炭 (kg) : 蚯蚓土 (kg) =1: 4: 5: 3.5，具体实施措施分为表层土改良（回填 80cm 厚的改良土）和树穴土改良。

树穴土改良主要采用了三种改良方案，具体方法如下:

①对新种乔木土球周边及树坑底部进行换土，将改良后种植土形成 50cm 厚的环状保护层，并加设排水措施;

②在原有中间绿化带原有乔木土球周边反射性开挖 300mm 宽、500 ～ 1000mm 深的换填沟，填入改良土壤;

③在原有两侧绿化带原有乔木土球周边开挖环状沟槽，沿土球外围环开挖 300mm 宽（侧分带）、500 ～ 1000mm 深的换填沟，填入拌和改良土壤。

09 表层土改良施工过程

10 树穴土改良方案

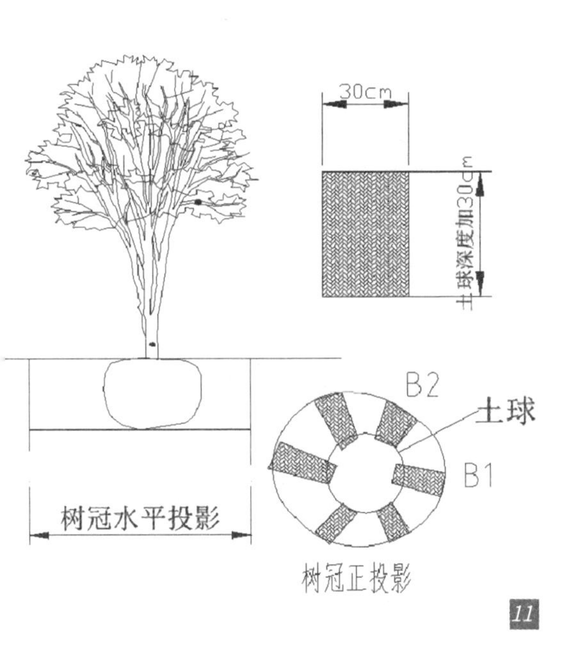

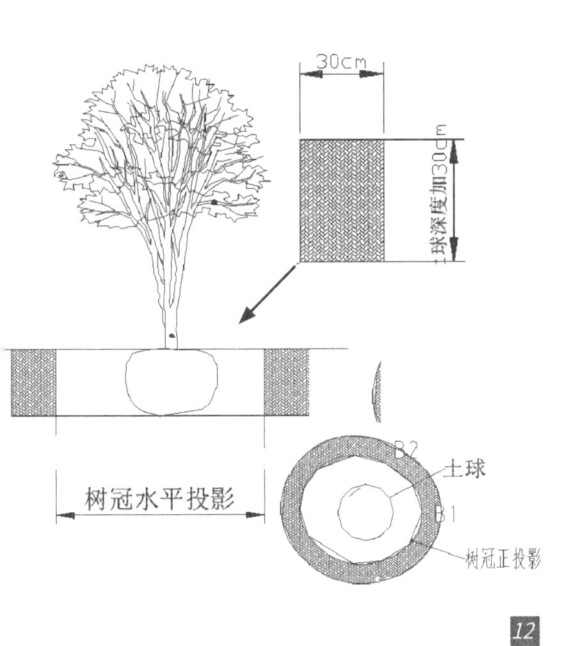

经过降盐改土等措施，前海石公园弱碱性贫瘠土壤得到了极大改善，土壤肥力、容重、土壤孔隙率和透气性能等均获得极大好转，为项目绿化建设提供了优良的土地基础。

11　中分带原有乔木种植改良示意图
12　侧分带原有乔木种植改良示意图
13、14　前海石公园绿化带

15

16

15~17　前海石公园绿化带
18、19　前海合作区——绿廊

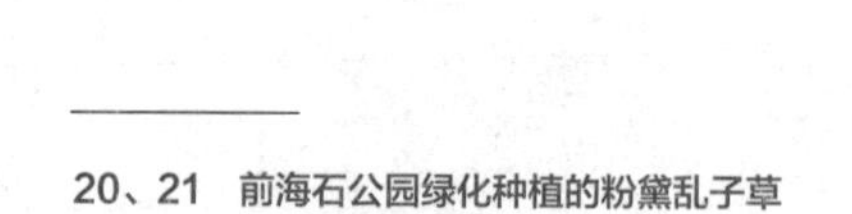

20、21　前海石公园绿化种植的粉黛乱子草
22　前海石公园滨海步道
23　前海石公园周边绿化地形起伏

22

23

3. 景观效果

前海石公园在 2015 年开始已经是众多市民和游客参观、休闲的场所了，经过“双提升”工程后，具有历史性的“前海石”更是成为了深圳前海最具代表性的标志物。新增的观景平台将登高台阶轴线和前海石的基座提升，“一石激起千层浪”的铺装改造等都更好地烘托了“前海石”这一主题。利用微地形的起伏感强化景观空间变化，施工过程中利用降盐改土等技术加大植物选择范围，一系列的景观提升工程营造出树影婆娑、绿草如茵的空间效果，呈现一派生机勃勃的景象。

4 滨海乔木移植
Coastal Tree Transplant

滨海作为特殊的一片区域，具有风沙大、盐碱化严重等特点，对园林植物的品种及种植技术有着更为严格的要求。本章从移栽定植时期、树木挖掘与储运、乔木移植、移植后养护等方面，系统地介绍了滨海地区乔木移植技术。

（一）移栽定植季节

树木移植要尽可能选择在最适宜的季节施工，春季是主要的植树季节，华南地区的常绿树种通常在春季换叶，移植常绿树也应在新芽、新叶长出前抓紧进行。华南的春旱地区，雨季往往在高温月份，阴晴相间，短期下雨间有短期高温、强光的日子，极易使新栽的树木水分代谢失调，必须掌握当地降雨规律和当年降雨情况，抓住稍纵即逝的时机及时组织栽培。如连续多天下雨，土壤水分过大、通气不良，栽植作业时土壤泥泞，不利于新根恢复生长，且易引起根系腐烂，应待雨停后 2 ～ 3 天，等土壤稍干后再行栽植。华南地区的 10 ～ 11 月往往有“10 月小阳春”之说，一段炎热已去，温度适宜，是常绿树较为适宜的移植时间。

进行预掘处理或已进行假植处理的常绿树种，由于土球范围内已有较多的吸收根，采取适当的技术措施后，原则上一年四季均可栽植。栽植时机取决于树体状态，最好在营养生长的停滞期间（两次生长高峰之间）进行，即使地上部分生长暂时停顿，根系也在较快生长，栽植后容易恢复。

（二）树木挖掘与储运

1. 树木挖掘

(1) 土球大小的确定

树木移植通常要带土球，土球是指依树木大小挖掘一定大小的土坨，把树木生长地的一部分根系保留在土坨内，以此来提高移植树木的成活率和保持植株、树冠的形态。大树的水分和养分主要靠根系吸收，土球越大，包含在内的根系就会越多，吸收水分、新根萌发的几率就会越大，对移植树木的成活状态和保持树形、树态就越有利。但是，移植树木土球越大，挖掘、装卸车、运输、栽植成本等就会越高，同时也会受装卸车、运输、栽植地等因素的制约和限制。为此，既要保证被移植的树木成活，又要使成本控制在一定范围内，还要不让装卸车、运输和栽植过程中产生太大困难，土球控制在一定大小范围内是必要的。

确定土球的大小不仅需要考虑树木胸径的大小，还需考虑不同树种以及滨海的土壤条件。滨海地区乔木移植起挖土球的大小根据胸径及业主要求而定，适当加大土球直径（一般为胸径的 8 ～ 10 倍，常规为胸径的 6 ～ 8 倍）可以降低植株重心，提高抗风、抗倒伏能力，还可减少断根时对乔木根部的破坏程度，增强乔木移植后的根部生长和复壮，增强树势。此外，加大的土球还能增加土球保水、保肥能力。

（2）挖掘土球的方法

选择了树木，做好准备工作，确定土球大小后，就可以挖掘土球了。起挖是大树移植中的关键环节，是大树成活的重要保障，需要格外注意。需带土球的落叶、常绿树木，应尽可能包含较多根系并保证土球完整；裸根的树木，尽可能地保留较多的主根、侧根、须根。根据土球大小，以树干为中心，划一个正圆圈。为了保证起出的土球符合规定大小，正圆圈一般应比规定的稍大一些。划定圆圈后，首先铲去土球表面浮土，露出地根，再往下挖，然后在根茎周围垂直向下开挖环形坑槽，绕着所划定的圆圈以 30 ～ 50cm 宽的圈沟开挖，圈沟宽度以便于工人操作为宜。边挖边修整土球表面，操作时千万不可踩、撞土球边沿，以免损伤土球。截根口要平整且光滑，以利于根系的愈合生长，必要时可用多菌灵、百菌清对截根口进行消毒处理，直至挖掘到略深于规定的土球深度为止。土球修整从上到下逐渐往里收，使土球下部呈一个斜面，保证苗木装车时土球底部与车厢有一定的接触面积，防止接触面积过小受力较大而导致土球松散。土球四周修整完好并挖到规定的深度以后，再慢慢由底层向内掏挖泥土，也称“掏底”。直径小于 50cm 的土球，可以直接将底土掏空，以便将土球抱到坑外包装。大于 50cm 的土球，则应将底土中心保留一部分，以支撑土球，以便在坑内进行包装。

挖掘土球，注意“掏底”

(3) 断根处理

在原生地生长的树木，特别是大树和珍贵树种，在移植前最好能进行断根处理。断根处理就是指挖断树木全部根系，并根据树木大小挖掘好土球、绑扎好土球，然后在圈沟内填满土，不移动树木但在原生地养护一段时间，待树木根系恢复生长再移植到所要栽植的地方，此种方法可有效提高大树的移栽成活率。

断根时，泥球大小视植物种类、不同规格和季节来确定。一般以干基直径的 4 ～ 5 倍为半径画圆，视根系的深浅，挖宽 30 ～ 40cm、深 80 ～ 100cm 左右的沟，挖到主根分岔以下，截断粗大的侧根（用锯子或利刀截断），要求工具锋利、断口整齐，剪除裂根，利于伤口愈合和发根。易移栽的苗木采用环状一次断根，较难移栽的苗木或大树移植应分多次断根。断根后用黑网包好土球，绑好支撑后再回填土，待填到 2/3 时浇透水，渗完后回填剩余的土壤，最后覆盖稻草、树叶或杂草等。对于怕寒的植物（如扁桃、红车等），冬季要注意搭遮阴棚防寒。

(4) 土球包扎

目前国内普遍采用人工挖掘软材包装移植法，适用于挖掘圆形土球和胸径为 10 ～ 15cm 的常绿乔木，用蒲包、草片或塑编材料加草绳包装（树干用浸湿的草绳缠绕至分支点）。此外，钢丝网和遮阴网包装移植法也应用较多，适用于挖掘胸径为 15 ～ 25cm 的常绿乔木。起树前要把干基周围 2 ～ 3m 以内的碎石、瓦砾、灌木丛等清除干净，对大树还应准备 3 根以上支柱进行支撑，以防倒伏后造成工伤事故或者损坏树木。

根据土球土壤性质和大小选择包扎和捆绑方法，防止土球受外力损伤或破损。易失水或根部密集的苗木，运输前需用湿布包扎或用遮盖物覆盖，防止苗木水分蒸发和延长苗木恢复期。包扎土球时如遇下雨等特殊天气，需采取一定的防护措施。

常绿乔木一般采用钢丝和遮阴网包装移植法

2. 植物抗蒸腾措施

(1) 抗蒸腾剂的类型

随着园林绿化行业的快速发展，以抗蒸腾剂为核心的免修剪全冠大树移植技术被广泛应用。大树移植成功的关键就是保持大树移植前后的生理平衡，抗蒸腾剂的使用可以降低树木在运输和定植后的蒸腾作用，减少水分蒸发，提高树木的移栽成活率，缩短恢复期。它可以代替大树移植时的枝叶修剪，既能保持大树原有姿态，又能使其更快发挥景观效果及生态效应。当前，应用于园林植物的抗蒸腾剂或蒸腾抑制剂有很多种类，根据不同蒸腾抑制剂的作用方式和特点，可将其分为代谢型、成膜型和反射型三类。

①代谢型。代谢型也称气孔抑制型，通过黄腐酸、甲草胺、苯汞乙酸、脱落酸等药物使得植物气孔开度减少，从而达到抑制水分蒸腾的作用。目前黄腐酸在我国抗蒸腾剂中应用较为广泛。

②成膜型。成膜型一般是用有机高分子化合物喷洒于植物表面形成薄膜，减少水分从植物气孔中向大气扩散，常见的有 Wilt-pruff、Vaporgard、Mobileaf、Folicote、Plantguard 等。用丁二烯酸对欧洲白桦、小叶椴、挪威槭、钻天杨等树苗进行处理，叶片上形成的薄膜可使蒸腾在 8 ～ 12 天内下降 30%～70%。成膜型抗蒸腾剂目前在国外应用较多、研究比较成熟，如 Wilt-pruff、Vaporgard 已经在西方市场中大量使用。

③反射型。反射型抗蒸腾剂是将反光物质喷洒于植物叶片表面，通过反射太阳光达到降低叶片温度、减少叶片的蒸腾作用。目前研究使用较多的是成本低廉的高岭土。

（2）抗蒸腾剂使用方法

抗蒸腾剂可在植物起苗前、运输过程中以及树木栽植后的恢复期使用。用量建议依照不同产品来稀释浓度，抗蒸腾剂要喷施植株全身。因蒸腾作用的水分主要从叶背散失，而叶片气孔又集中在叶背，所以应重点喷施于叶背及叶表。抗蒸腾剂喷施 6 个小时后可完全被植物吸收，可继续对叶片进行喷水保湿，不会影响抗蒸腾剂的效果。增施抗蒸腾剂应按照产品建议的周期进行，避免喷施过多对植株造成伤害。

喷施抗蒸腾剂，重点部位为叶背及叶表

3. 吊装运输保护

大树吊装的技术要点是保证树干不破皮、土球不开裂。一般用两点竖直起吊，吊绳一头固定在土球中心部位，另一头设在主干上。主干吊绳处用木板、破棉絮或麻袋垫住，避免在起吊时由于吊绳滑移而导致破皮损伤树干。在大树起吊后，尽量保证树干竖直，而不是水平吊起，预防土球过重压断树干。多杆树种修剪完成后，选择两条粗壮相对对称的树干，将两条绑带分别捆绑在树干的中间或2/3处，两条绑带的另外一头用“U”形铁扣连接在一起，调整好之后用吊车慢慢扶正起来。造型树种吊装时，为便于把控树身的平衡点，应选用双钩起吊，以免树身、托叶受损，树身调整扶正后可保留单钩定植。吊装苗木时，注意吊钩等不得破坏苗木枝叶，可在挂钩上安装吊带再与绑树吊带卡扣连接。

吊起装车时，土球靠车头，树冠向车尾

多杆树种双系法绑树吊装

造型树种双钩起吊

双系法绑树吊装

土球应靠车头摆放

放整齐。泥头放好后要用硬物垫底固定，立支架将树身支稳，以免行车时树冠晃摇，造成散坨。土球装车后应用绳子将树干捆牢，并在摩擦处加垫层防止磨损树干。另外，对装好车的树木喷洒水分或抑制蒸腾剂，以减轻运输途中苗木水分的流失。大规格苗木卸车时应轻吊轻放，注意保护，避免损伤苗木或撞击导致土球散破。

泥头硬物垫底固定

大规格乔木支撑

软垫布包扎

大王椰子支撑物

树干接触部位处垫软物保护

造型树安装专用保护支撑架

4. 树冠修剪

运输前要在不影响整体树形和大树骨架的基础上，对树冠进行合理修剪。

植物地上部分的枝、茎、叶和地下部分的根系是一个整体，叶片光合作用时所制造的养分为根提供营养，而根系吸收水分和养分后反过来也为枝叶提供营养，它们之间是相互营养、相互促进又相互制约的，在生长过程中保持着相对的平衡。大树移植时切断了相当一部分根系，吸收能力减弱，水分和养分平衡受到破坏，这时必须修枝剪叶或减少阳光的照射，以减少运输过程中植株水分和养分的消耗，保持吸收与蒸发的相对平衡。大树的树冠应保持一定形状，枝叶疏密有致，至于剪多剪少以及轻重程度，就要依据树种的生命力以及留根土球的大小而定了。

运输前的树冠修剪

（三）乔木种植

1. 栽植坑挖掘

挖掘栽植坑前要对树木栽植的位置进行放线定位，按工程布置的图纸标出种植地段、苗木种植位置，定点标志应标明树种名称（代号）、规格。在施工中，对交叉施工造成的放样破坏要及时进行复样，以保证施工精确度和进度。在开挖种植穴前，要提前根据苗木根系、土球直径确定种植穴大小，所开挖

树穴垂直下挖

种植穴应比土球直径大 40cm 左右，便于后续回填土方夯实更到位。若遇土质过黏、过硬或含有害物质（如石灰、沥青等）应适当加大种植穴直径。穴、槽应垂直下挖，上下口底应相等，穴、槽底部平整（视土球情况而定，土球缺失部位可填高补充）。

穴槽底部平整

2. 植前修剪

施工种植前必须对苗木进行再修剪，将劈裂根系、病虫根系、过长或过老的根系切除，并依据根系大小、粗细、好坏，对树冠、枝叶进行修剪。

修剪以保持原有大树的自然形状和姿态为原则，例如木棉、细叶榄仁等不能修剪它的顶枝，对于生长速度极快的乔木应注意树冠的透风性修剪，培养抗风树干骨架、树枝结构及树冠形状，从根本上提高乔木的抗风性。对于树冠浓密、根浅的树种（如小叶榕等），要针对树木本身承受力，梳理树冠内过多分枝，调整合理根冠比，达到抗台风的目的。落叶乔木一般剪掉全冠的 1/3 ～ 1/2，截冠时在顶部 20 ～ 40cm 间选择好骨架枝，留 3 ～ 4 个主枝进行“三定”（即定枝、定位、定向）。每个主技从主干分枝部开始留 30 ～ 40 cm 进行重截，多余枝全部基部疏除，以平衡根冠比。常绿乔木应尽量保持树冠完整，只对一些枯死枝、过密枝和干裙枝作适当修剪。剪口可用塑料薄膜、凡士林、石蜡或植物专用伤口涂补剂保护。

种植前树冠修剪

修剪过长根

修剪劈裂根

3. 栽植坑土坎

所谓栽植坑土坎,即树木吊入栽植坑前,在栽植坑中间位置,用回填土做一个土坎或小土丘。土坎高度可根据栽植坑大小、深度和移植树木土球厚度以及树木栽植深度来决定。一般情况下,树木栽植深度应以土球上平面和栽植地面平行(或稍高于栽植地面)为宜。栽植坑中间位置做回填土坎,对栽植带土球的树木(特别是平底或凹底土球的树木)极为重要,是防止移植树木土球底部不密实、空洞的有效方法。因为土球的阻挡,土球底部的回填土不能被踩实、捣实,就会出现在土球底部和栽植坑底部接触处因回填土不能踩死而孔隙太大、留有空洞的情况,这样的土壤会影响树木成活和恢复。

4. 栽植坑排水

提前对种植穴进行灌水测试沉降及透水情况,确定土质是黏土还是沙土,遇不透水层及重黏土层时应进行疏松,土壤干燥时应于栽植前向种植穴(槽)灌水。栽植前排除全部积水,以免栽植坑渍水导致回填土湿度太大,就不可能被踩实、捣实,从而留下影响移植树木成活的隐患。可适当利用树木根部自动排水装置(专利号:CN205755839U),其结构简单,可有效提高排水效率、提高树木成活率。

5. 回填土定植

顾名思义,“回填土”就是把挖掘栽植坑的土再回填到栽植坑,埋住树木的土球或根系。作为直接影响树木成活及后期生长的重要环节,在回填客土时,最好加入泥炭土和肥泥,按1:10的比例混合回填,可使土壤疏松和肥沃。吊树种植时,看准树冠方向,在树没有下穴时将土球围网和绳解开,如土球松散可不解底层围网。土球放入树穴后

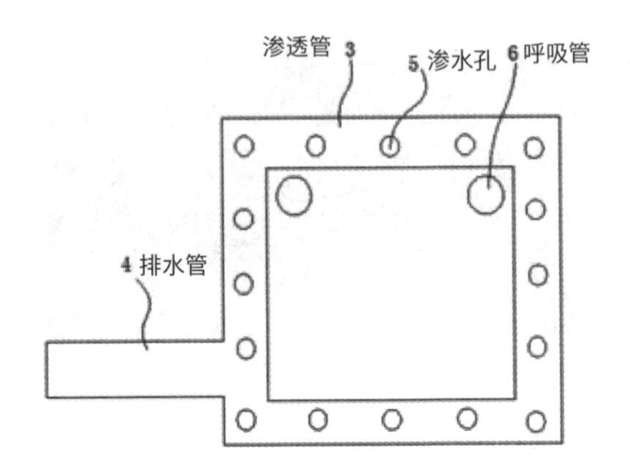

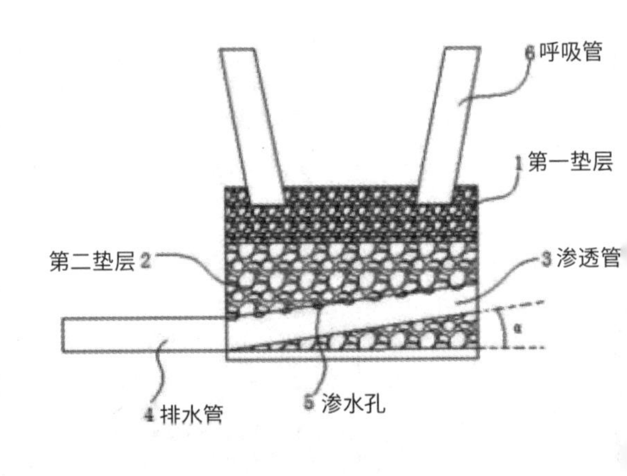

根部自动排水装置示意图

铲入客土,并用木棍插紧周围。待土回填近1/3时,松开吊树带,看树木是否正直、平稳。栽植时要保持树木直立、方位正确(按树木原来的生长方向入坑),将土球直接放入种

植穴内，拆除包装后分层填土夯实，与原栽植深度保持一致，不宜过深。

树木移植最忌根部失水，最好能够随掘、随运、随栽，若苗木、树木掘起后一时未能施工，最好妥善假植保护，并用遮阴网遮挡树冠，保持根系潮润，减少树冠蒸腾失水。因此，种植时要注意保持土球的完整，散掉部分要进行处理，放生根粉、杀菌剂进行树木保护等措施，同时定期对树干、树冠喷淋保湿。不论是裸根苗、带土球苗，栽植过程中苗木的根系（特别是吸收根）受到严重破坏，根幅和根量缩小，其主动吸收水分的能力将大大降低，必须经过一定时间，受伤的根系才能发出较多的新根，恢复和提高吸收功能。

吊树种植时进行观赏面调整

回填土定植

罗汉松移植调整观赏面

回填土定植

6. 基肥处理

定植前施足基肥，基肥与塘泥按 1∶5 的比例混合填到定植穴底部，表面再覆盖一层 5～7cm 厚的塘泥。基肥用量按乔木规格大小确定，胸径 15cm 规格的乔木施用农家肥 1.5kg，一般胸径每增加 1cm 多施 0.5kg（基肥用腐熟过的猪粪、鸡粪等家畜、家禽粪便）。未腐熟基质使用比例应慎重，园林种植基质二次发酵产生的高温会破坏根系生长，对植物长生具有不利影响。如果土壤温度过高，可采用环沟法进行控制，根据地形情况在距离土球边缘 40cm 处挖 1～4 条宽 50cm、深 1m 的环沟，这样可以有效降低种植基质二次发酵产生的高温。

7. 防止根部感染及病虫害

为防止移植树木根系感染、病虫侵害和促进根系生长，需在土球或裸根根系处施放杀菌剂、杀虫剂。比较难生根的名贵树种可用生根粉溶液喷洒或浸根，以促进根系愈合、生根。

放置杀虫剂

喷施杀菌剂

（四）乔木支撑

滨海地区除了土壤盐碱化严重外，每年的强台风袭击也极易造成植物风折倒伏，而且海风使得苗木蒸腾作用加剧，水分散失加快，不利于苗木成活。因此，种植乔灌木时一定要做支撑,且后期养护水分一定要跟上。移植的大树根盘小、树身大，如果在未做好支撑前就进行灌水作业，尤其是遇上风雨天气，在土壤不均匀沉降的影响下，会造成苗木倾斜或倒伏。当苗木栽植后，必须立即设支撑固定，然后再浇灌定根水，定根水要四周均匀浇透，防止土壤产生不均匀沉降。移植树木支撑的方法主要有二脚支撑、三脚支撑、四角支撑和钢丝柔性牵拉、组合连体支架三脚等方法。

1. 二脚支撑

二脚支撑也称门字支撑，一般用于移植在道路旁（如人行道）的树木，用两根木桩或水泥桩在垂直于常年风向的树木两侧打入土壤中。打入深度约为桩长的 1/3，地上部分桩高约 80 ～ 120cm，并且使两桩和树干位于同一直线上。两桩打稳后，再用第三根木棍将树木和两根木桩捆绑在一起，绑扎时需用竹片或草包、麻布片、棕皮等软物将树干包裹保护，以防摩擦、损伤树皮。两桩之间的距离取决于树穴大小，最好是将木桩打入树穴外围的原土中，这样会较为稳固。

二脚支撑示意图

三脚竹竿支撑

2. 三脚支撑

三脚支撑是最普通的支撑方法。根据移植树木的高度，选择 3 根竹竿或木杆作为支撑材料，竹竿或木杆高度为移植树木高度的 2/3 左右。若大树或树木较高（如大王椰子、银海枣、大榕树等），竹竿受力不够，可选择用木杆支撑。三脚支撑时，可把竹竿或木杆的大头埋入土内固定（支撑杆着地端用石头或木桩等硬质材料顶住）。支撑杆和树干角度为 30°～ 60°，将支撑杆靠在树干上，并用绳子把 3 根支撑杆连在一起紧紧捆绑在树干上。为使支撑更加牢固，保证树木的抗风、抗倒伏能力，可用长木板或长木棒钉在 3 根支撑杆中部位置，把 3 根支撑杆连接起来，起到相互牵拉、固定的作用。

三脚木棍加固支撑

3. 四脚支撑

四角支撑的稳定性非常好，但所用材料较多，且造价较高，通常适用于一些株型较大的苗木。四脚支撑的操作方法和程序与三脚支撑一样，只是多了一根支撑杆，主要用于滨海地区广场和大面积硬质铺装绿化树池的树木支撑。

4. 其他支撑方法

搭建抗风连体支架需连接 3 个以上的铁箍，形成三角形结构，各铁箍通过支撑结构固定在地基上。这种连体支架结构简单，既能保证景观效果,又能避免大型乔木倒伏，提升树木群丛的抗风力，适用于台风频发的滨海地区。

四脚木棍支撑

四脚铁管支撑

连体固定支架现场图

① 铁箍
② 支撑结构
③ 连接件
④ 橡胶保护套
⑤ 接地支撑柱
⑥ 定位埋桩
⑦ 定位横梁
⑧ 挡土片

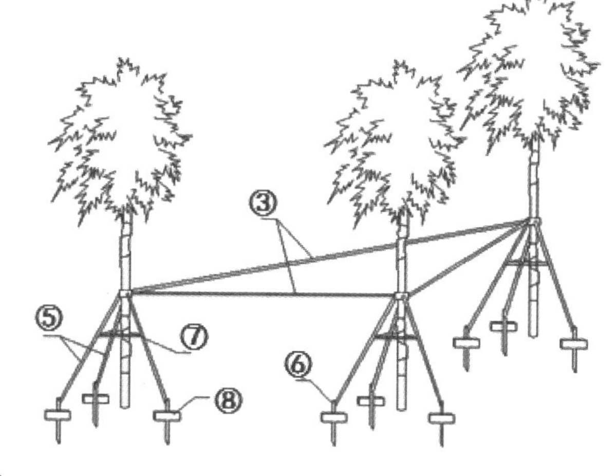

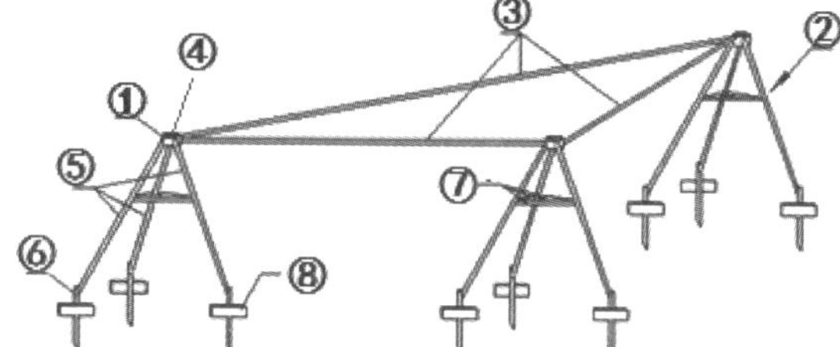

防风连体支架示意图

连体固定支撑架实景图

① 树干抱箍
② 多个滑动抱箍环
③ 多个弹性件
④ 多个地锚件
⑤ 多条拉线
⑥ 树干
⑦ 乔木土球
⑧ 地锚冲击杆
⑨ 锤头

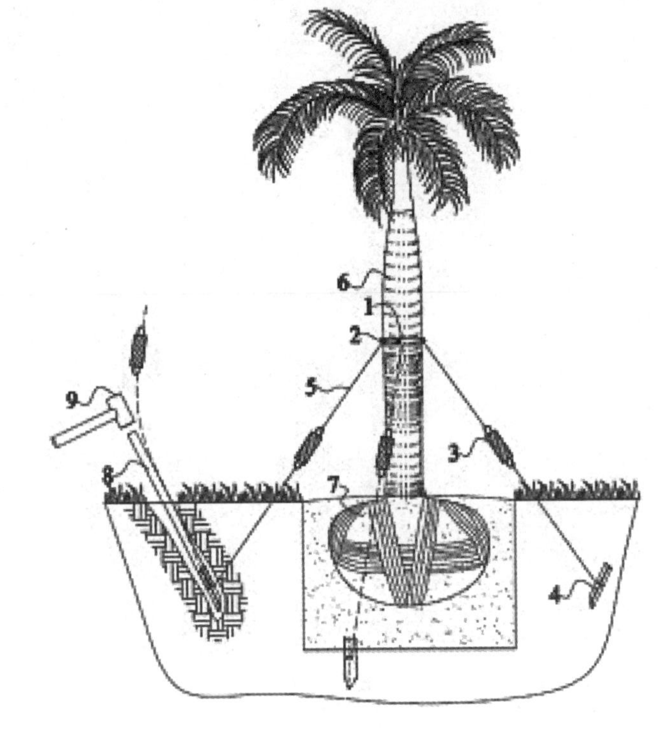

一种抗风柔性牵拉结构

柔性牵拉结构实景图

搭建抗风柔性牵拉结构是指利用树干抱箍、滑动抱箍环、多个弹性件、多条拉线和多个地锚件，将多个滑动抱箍环穿在树干抱箍上，各弹性件的一端通过拉线与滑动抱箍环连接，该弹性件的另一端通过另一拉线与地锚件连接组成。此种方法可通过弹性件受力传递保证树干小幅度的风摆，防止强风折断树头，还可有效固定新植乔木，避免倒伏，在台风频发的滨海地区尤为适用。

5. 栽植后的浇水

围堰定植后要立即浇定根水，浇定根水是移植树木过程中极其重要的环节。定根水必须淋足、淋透，使土球和回填土水分饱和。如土球太大、土壤密度太高导致定根水无法渗入，则采用钢钎在土球上打孔灌水，保证把水浇透。浇水后，回填土会遇水下沉，就有可能把已栽正的树木浇歪（特别是那些未支撑牢固的树木），所以，在浇灌定根水时，要密切注意树木是否歪斜，发现树木向一边歪斜，应立刻换到另一方向浇水。

为防止回填土未踩实、捣实，可以分两次浇灌定根水。当回填土回填到土球厚度的1/2，并层层踩实、捣实后，浇灌第一次水；待1～2天后再次回填，踩实、捣实回填土至稍高出地面并做好围堰后再次浇水，注意要浇满围堰。

浇定根水

浇定根水

（五）案例解析

01

深圳前湾一路景观廊道
Shenzhen Qianwan Road Landscape Corridor

1. 项目概况

前湾一路景观廊道市政工程位于深圳市南山区前海深港合作区内，总建设面积约23.5hm^2，总投资约2.1亿元人民币，建设内容包括市政道路中央绿化隔离带拓宽及绿化景观提升、道路人行系统及绿化带景观提升、新建道路两侧绿廊绿化工程及临时区域景观提升等方面。项目以“疏朗、通透、简洁、大气”为总体风格定位，旨在打造“绿色、生态、环保、可持续发展”为理念的全方位园林景观。

02

01　前湾一路入口夜景
02　前湾一路入口广场效果图
03　前湾一路入口广场平面

2. 技术措施

入口广场将前海的 Logo 标志格栅景墙设置于前海展示厅的侧前方，与其遥相呼应，相映成趣。绿化设计方面，除保留了场地原有的优质大乔木外，还通过多种乔木种植打造出丰富的景观层次。在特色景观迎宾大道的中分带种植了雄壮伟岸的加拿利海枣，侧分带种植有两排秋枫，下层则采用简洁草坪和时花，打造简洁热烈、阵列感强的迎宾大道。

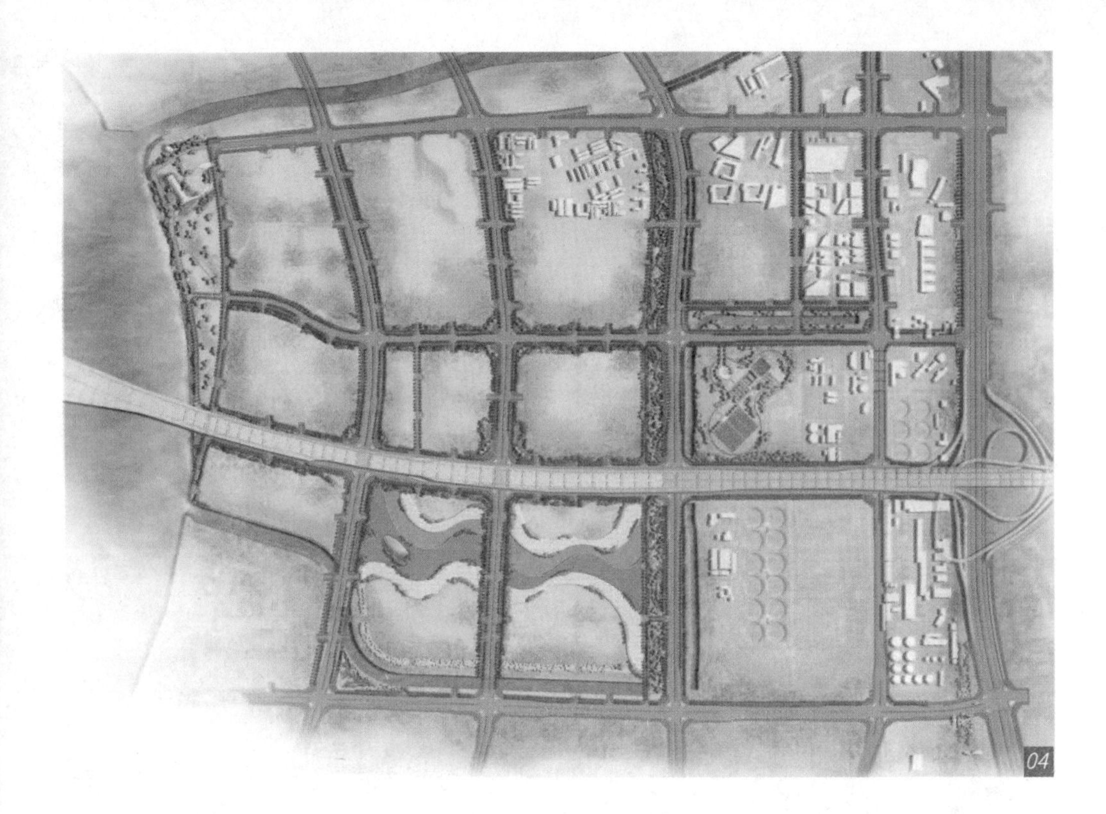

04

QIANHAI SHENZHEN-HONG KONG
MODERN SERVICE INDUSTRY COOPERATION ZONE

05

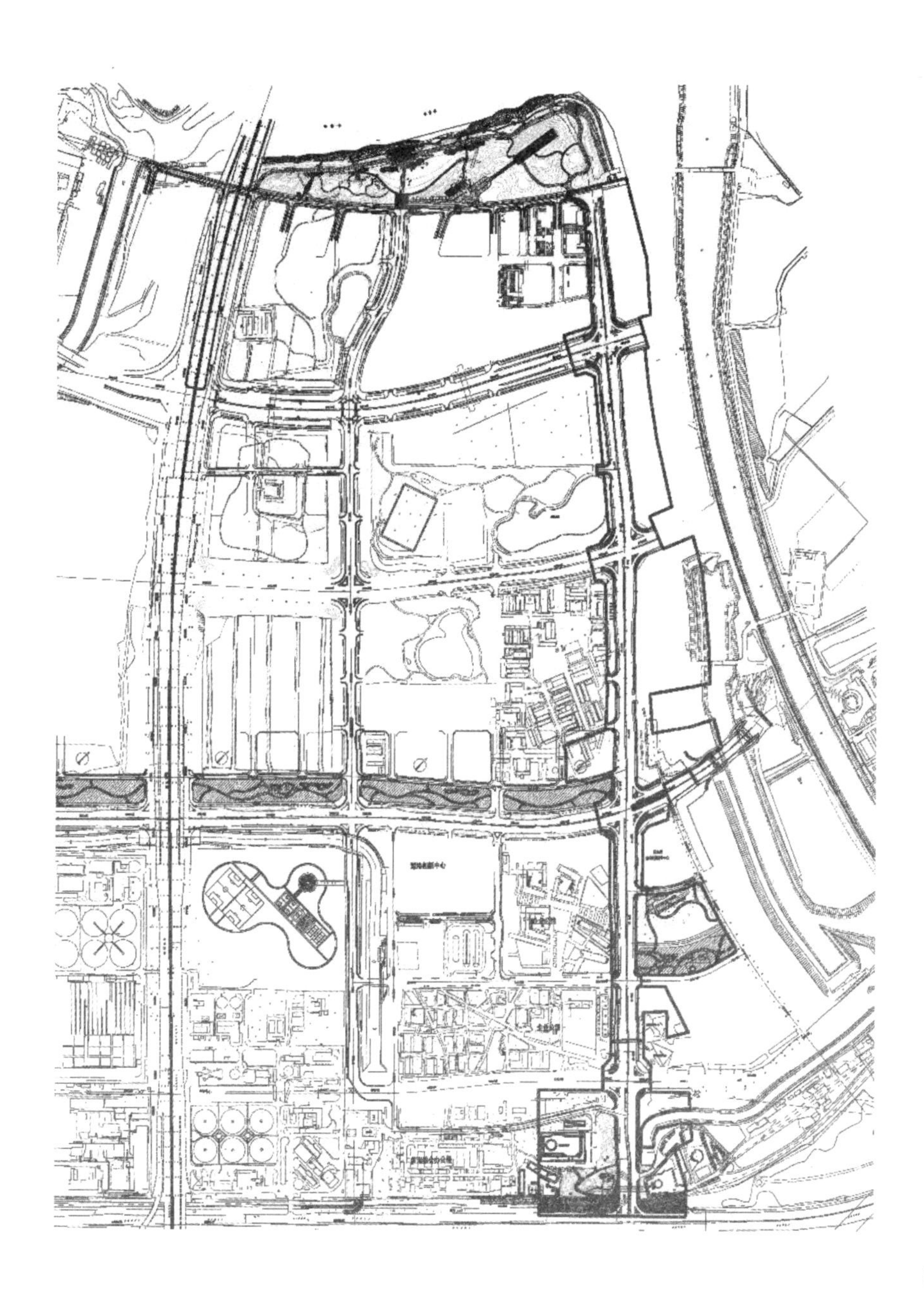

04 总平面图
05 前海实景
06 前湾一路规划总平面图

加拿利海枣是世界著名的观赏树种，树形高大、壮观、优美，叶片翠绿有光泽。其树干直立，高度可达 10 ～ 15m，干径粗为 50 ～ 90cm；叶羽状，顶生，向四方展开，可形成直径 6 ～ 8m 的圆形树冠。该植物原产于非洲西岸的加拿利海岛，我国厦门园林植物园最先从国外引进，近 40 年来表现良好。加拿利海枣生性强健，既耐高温、霜冻，又耐干旱、水淹，还耐酸性和碱性土壤，在 pH 值 5.0 ～ 8.3 的土壤中均可正常生长。因其极抗风，是优良的海滨植物，尤其适合在滨海城市栽植，易于营造出滨海道路的美丽南国风情。

该项目选用的加拿利海枣平均胸径达 60cm，移植时保留的土球大小为胸径的 2 ～ 3 倍，起挖时采用多股草绳与铁丝结合，清除劈裂根，喷施杀菌剂，将树叶用塑料绳顺着生长方向收束起来。

在施工现场，根据土球直径外扩 50cm 的尺寸挖深 2m、宽 1.5m 的种植穴，并将穴中影响种植的水稳层进行破除清理，铺设 5cm 厚碎石层后放置 DN110mm 规格的透水管，再以 15cm 碎石层和两层 $200g/m^2$ 的透水土工布覆盖。随后，在穴底铺设 15cm 厚的塘泥和 5cm 河沙踩实，撒 10 ～ 15g 呋喃丹 0.5mm 厚以防地虫，最后覆盖 2cm 厚

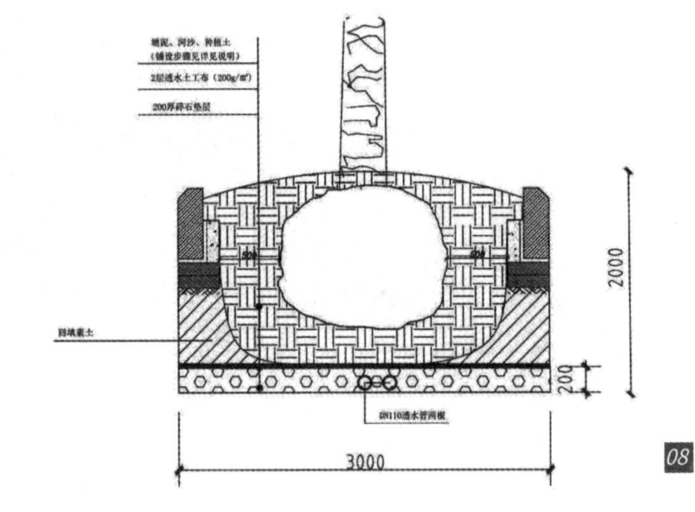

07 加拿利海枣
08 地下种植结构
09 种植穴最终效果
10 穴底塘泥河沙层施工
11 探测管放置后回填压实

09

10

11

的沙子。期间苗木、运输及施工现场保持及时沟通，确保苗木随到随栽。

吊树栽植时，在树没有下穴时将土球围网和绳解开，以原栽植深度放入树穴中央，并调整好树冠方向。方向确定后，在土球与坑间放入包了防水土工布的 DN15 规格探测管，沿土球周围撒 10 ～ 15cm 厚的沙子，再放置 15cm 厚塘泥并用木棒压实。

回填时，叠加覆盖 15cm 厚塘泥和 5cm 厚河沙并分层踩实，填至 50cm 深时，松吊树带；填至土球 75% 高度时，撒 0.5mm 厚呋喃丹；填至土球 100% 高度时，再撒一层 0.5mm 厚的呋喃丹，覆盖一层 70% 河沙、20% 土壤、10% 有机肥的透水种植土拍实。最后，在树干 3.5m 处进行四脚金属支撑，做围堰并浇灌定根水和生根水，再在土面栽植时花。

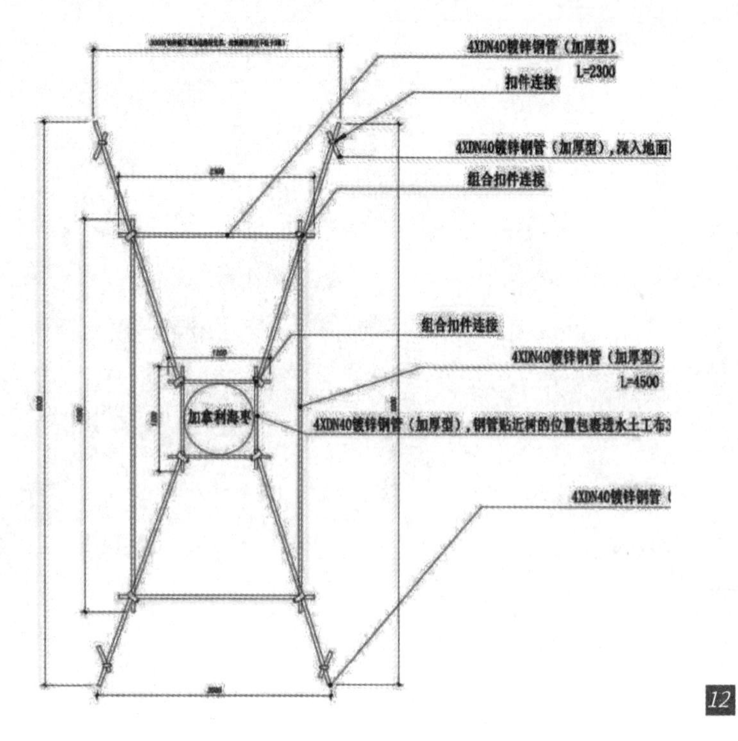
4XDN40镀锌钢管（加厚型）
L=2300
扣件连接
4XDN40镀锌钢管（加厚型），深入地面
组合扣件连接
组合扣件连接
4XDN40镀锌钢管（加厚型）
L=4500
加拿利海枣
4XDN40镀锌钢管（加厚型），钢管贴近树的位置包裹透水土工布
4XDN40镀锌钢管

12

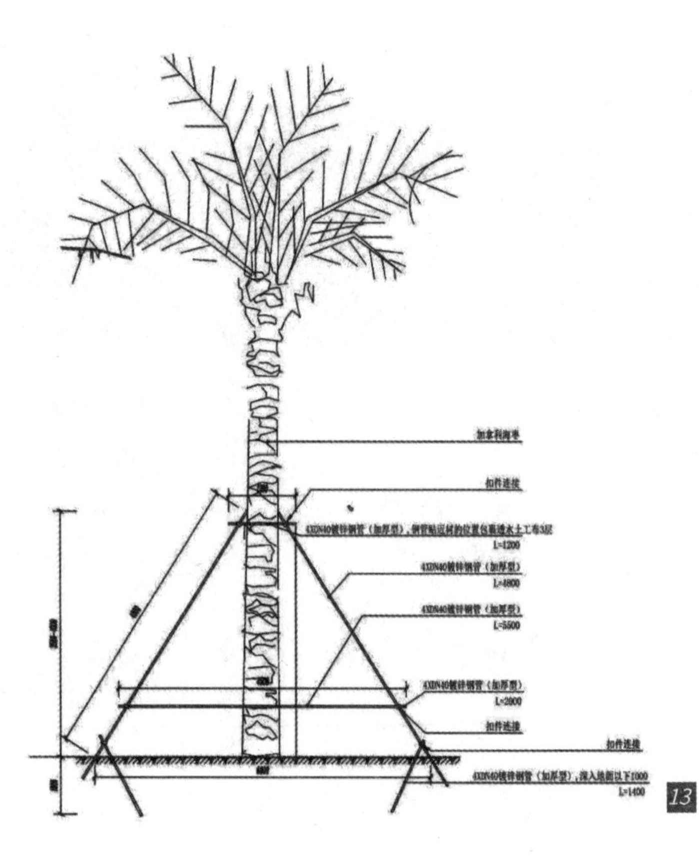
加拿利海枣
扣件连接
4XDN40镀锌钢管（加厚型），钢管贴近树的位置包裹透水土工布3层
L=1200
4XDN40镀锌钢管（加厚型）
L=4800
4XDN40镀锌钢管（加厚型）
L=5500
4XDN40镀锌钢管（加厚型）
L=2900
扣件连接
扣件连接
4XDN40镀锌钢管（加厚型），深入地面以下1000
L=1400

13

12　金属四角支撑平面图
13　金属四角支撑立面图
14　吊树入穴

15　前湾一路整体景观效果
16、17　前湾一路入口大道
18　前湾一路安全岛隔离带效果

3. 景观效果

得益于一系列栽植技术的应用，项目中移植的加拿利海枣得以全部成活，避免了重复返工，效率得到明显提升。特别是中央隔离带中健康、整齐的乔木，绚烂、郁葱的时花，简洁而热烈，即时景观效果显著。项目以高标准来严控质量，做到了上层大气、中层通透、下层精致，于 2017 年 12 月竣工，得到社会各界广泛认可，并获得了 2018 年度“广东省风景园林协会优良样板工程”金奖。

19　前海合作区

01

厦门金砖国家峰会国际会议中心
Xiamen BRICS Summit International Conference Center

1. 项目概况

厦门金砖五国国际会议中心位于厦门市思明区，该项目是为了迎接2017年厦门金砖国家领导人第九次会晤而进行的景观提升改造工程，由广州普邦园林股份有限公司负责绿化深化方案设计以及全面施工，打造出庄重、大气、疏朗的会议中心周边景观。本项目建设规模76000m^2，建成时间为2017年11月，以“大气、现代、疏朗、包容”为改造升级的理念，通过干净爽朗的大片草坪搭配曲线流畅的灌木丛，并散植以小乔木为点缀，结合高大挺拔的棕榈树作背景，形成优美大气的城市景观，凸显厦门“高颜值”的活力特色，成为新的城市名片。

2. 技术措施

为达到庄重、大气的景观效果，同时吸取 2016 年台风“莫兰蒂”给厦门园林绿化带来的惨痛教训，该项目应用了大量通透性强、抗风性能佳的棕榈科植物（如加拿利海枣、银海枣、大王椰子等）作为项目的主景树。受滨海台风天气灾害、土壤盐碱地等影响，为保证项目所有主景大树及乔木全冠效果，所有大树都进行了全冠移植。

通过加大土球直径至 8～10 倍、使用网布复合网兜来保护土球，并对其根部喷施生根剂来保证大树移栽的成活率。同时，该项目在提高植物抗台风能力上做了大量工作，如利用抗风连体支架将一个群丛的银海枣组合到一起，提高整体抗风性；列植的景观树采用统一钢管四脚支撑进行支撑固定，排列整齐美观。

01 会场入口处层次丰富的植物群落
02 国际会议中心花境
03 植物复层景观

04

05

06

07

04 大树抗风支架应用
05 棕榈科大树景观
06 群落景观
07 金砖国家领导人会晤主题雕塑

08　厦门国际会议中心入口
09　群落景观
10　厦门国际会议中心全景

08

09

10

3. 景观效果

金砖五国厦门会晤是 2017 年我国主办的一场重要主场外交活动，是厦门市有史以来举办的最高规模的会议。疏朗、通透的会场中，植物造景以“草—矮灌—中灌—小乔木—大乔木”的结构形成层次丰富的群落立面，通过精心修剪使其富于秩序感和自然感。同时，以建筑和景墙为中心，形成环抱型对称构图，既庄重大气，又呈现出自然之美，表现我国面向世界、面向未来的大国气度。鲜艳的时花也展现了厦门的热情与好客。会议期间，会展中心迎来了金砖五国国家领导人，世界瞩目，影响深远。

11　群落景观
12　会场入口飘扬着的各国国旗

普邦园林

5 养护管理

Maintenance Management

俗话说“三分种，七分养”，园林绿化的养护管理工作是一项持续性、长效性的工作，具有较高的技术要求。在园林养护管理中，水肥、修剪、植保被称为绿化养护的“三要素”，水肥是基础，修剪是调整，植保是保障，三者相互依存又彼此独立。滨海地区水土盐碱含量高，台风多发，盐雾沉降，辐射性强，植物生长环境相对恶劣，较一般园林绿化养护工作又有一定的特殊性。本章主要从苗木修剪、水肥管理及病虫害防治等角度阐述滨海地区园林绿化的日常养护管理，强调滨海地区绿化在防盐洗盐、台风预防急救等方面的养护工作，通过具体、有效的管养措施构建可持续滨海生态景观。

（一）修剪管理

1. 乔木修剪

（1） 修剪时序

树木本身是活体材料，在生长发育过程中呈现丰富多变的季相生长节律，不同时间展现不同的色彩与形态，形成时序变化。植物的修剪可以促进植株更为完整地展现出生命盛衰枯荣的节律，给人以四季有景的感受，体会时令的变化。

树木的修剪时期一般分为休眠期修剪和生长期修剪，生长期修剪按季节的不同又可细分为发芽期修剪、旺盛生长期修剪、养分回输期修剪。落叶乔木修剪宜在春季萌发前进行，常绿乔木一般在新叶抽出前进行。冬天植物处于休眠或生长不活跃时期，修剪对植物的伤害最小，宜重点进行。特别是有伤口的园林植物若在雨季修剪，易使伤口霉烂，故宜在树液流动相对较慢的休眠期或生长相对停滞期进行，以减轻修剪对植物的伤害。

修剪时，幼年树主要侧重于培养树形，成年树侧重于保持树形，老年树则侧重于更新复壮。修剪时依照“强主枝重剪，弱主枝轻剪”的原则，为使主枝的生长势保持平衡，形成均衡树冠，面对衰老的树木可采取重度修剪的办法，促使其恢复树势。

春季开花的植物，花芽着生在二年生枝条上。由于其花芽在冬季已经形成，故应在花后轻剪，如红花羊蹄甲、黄花风铃木、紫玉兰、鸡蛋花、云南黄素馨等。夏、秋季开花的木本植物，如大叶紫薇、凤凰木、木芙蓉等，其花芽是在春梢抽生时形成的，故应在冬季休眠期修剪。有的植物可适时修剪，促其二次开花，如大叶紫薇等植物宜在花后及时修剪，适当增加肥水，刺激二次枝条的发生，则可二次开花。观花木本植物的修剪要特别注意“去弱留强，去老留新”，培养生长健壮的枝条，促进植株的开花。

大叶紫薇修剪后开花

（2） 修剪方法

①短截。短截一般是指剪去单个枝条一部分的修剪方法，又称为短剪，可促进剪口下侧芽的萌发，从而增加分枝数量，促进分枝营养生长。该方法有利于新梢生长和树体更新复壮，但不利于开花和结实。

对乔木一年生枝剪截后，通常是剪口下第一枝生长最强，往下生长势递减。短截的技巧主要体现在对剪口芽质量的认识和利用上，由于短截的对象是一年生枝，剪后反应取决剪口下芽子的饱满程度，即一年生枝条上芽的异质性。留上部的弱芽短截，发芽率高，中、短枝多，总生长量大，被短截的枝条加粗生长快；留中上部饱满芽短截，抽生的中、长枝多，总生长量较大，母枝加粗也快，可增强枝条的生长势；留下部弱芽短截，只抽出1～2个旺条，总生长量较小；留基部瘪芽短截，可分生1～2个中、短枝，总生长量最小。为了促使分枝、扩大树冠，增强树势，可在枝梢饱满芽处短截，剪去枝梢的1/3～1/2；为了增加中、短枝比例，促成花芽，可以轻剪一小部分一年生枝梢；为了控制旺条和徒长，可在春梢中下部留半饱满芽或瘪芽剪截，从而降低枝位，缓和枝势。另外还要看被修剪枝条的着生姿势，直立的会发生旺枝，水平或下垂生长的常发生中庸枝或短枝。

②回缩。在二年生以上的枝段上进行的短截叫回缩。回缩的植物反应机理与短截基本相同，不同之处在于剪口的选择。剪口枝如留强旺枝，则生长势强，利于更新、恢复树势；剪口枝如留弱小枝，则生长势弱，利于花芽形成；剪口枝长势中等，将来长势也会保持中庸，既能生长，也能成花。绿化乔木的回缩修剪可改善植株受光条件、调整枝条角度与方位、控制树冠或枝组的发展、更新枝组、充实内膛、提高开花质量和坐果率。回缩是在修剪中控制轴养枝、培养枝组、多年生枝换头以及更新复壮时常用的一种方法。

③疏枝。疏枝是指将枝梢从基部疏除，包括疏剪枝条、抹芽、疏芽、去萌等技术措施。通过疏枝可以减少树冠生长点的数量，从而降低植株生长素含量，有利于组织分化，促进花芽形成。疏枝促进生长和控制生长的双重作用十分明显，绿化养护中常利用疏枝调节苗木枝丛的空间分布与密度，缓前促后，平衡树势。

幼树期为迅速扩大树冠、增加枝量，应尽量少疏枝，但对骨干枝要按整形要求选留，特别要疏除竞争枝。大量开花后，树冠内枝量迅速增加，需通过疏枝来改善光照条件。对强弱不均的树木应注意把握整体树势，疏弱留强，更新复壮。

植株疏枝较短截仍具备枝条的顶端优势，且疏枝后由于光合作用的加强，脱落酸增多，所发新梢的生长势相对较弱，所以疏枝是一种缓势剪法，而短截是一种助势剪法。

④缓放与甩放。缓放与甩放是指对一年生枝放而不剪，让其顶芽和侧芽自然萌发抽生新枝。对只有一次生长的枝条不修剪称为缓放，对2～3次生长的长枝条不修剪称为甩放。

⑤综合运用。在实际修剪工作中，“截、缩、疏、缓”的方法应根据树木的生理特性及生长阶段综合运用。

(3) 修剪步骤

①修剪方法选择。修剪前应了解植物生长习性、冠型特点，对植株进行仔细观察。从不同角度观察骨干枝、大中型辅养枝的着生情况，确定修剪程度，并结合树木的生长势、生长量、花芽着生位置及分布情况，以此

定出修剪原则和方法。

②修剪操作。修剪时由上而下，由外而内，由粗剪到细剪，从疏剪入手剪去枝条，再对留下的枝条进行剪短。注意不要损坏树皮，剪口要平滑、整齐、不积水、不留残桩。全部剪完后再绕树观察，对漏剪和不均衡的部位进行必要的补充和修正，修平伤口并涂抹保护剂。

③清理现场。及时拿掉修剪下的枝条，集中进行现场清理。病虫枝最后修剪，修剪完成后对工具进行消毒存放，若条件允许，病虫枝可集中焚烧处理。

(4) 乔木修剪注意事项

当需要锯除较大的枝条时，为避免枝条或树皮劈裂，可先在枝下方向锯入深达枝粗 1/3 左右的切口，然后再由上方向下锯。要保持截口平整，截口应与枝干齐平或略凸，有利于剪口愈合。用锯子自下而上锯下多余枝条，侧枝要距离主杆 30 ～ 40cm，并用保鲜膜覆盖切口部分。修剪过程中枝干必须适当保留少量枝叶，促进发芽，保持自然树型。内膛中部存有嫩枝，须重点保护。有些侧枝可用来遮丑，切勿盲目全部截短。

修剪前树冠形态

修剪后冠幅饱满

2. 灌木、绿篱修剪

(1) 球形修剪

秋季以后最宜修剪，夏季忌修剪，避免出现烂皮。修剪前观察树形，考虑修剪的幅度和形状。

修剪前要确定球形中心点，保持低分枝，防止空脚。先平剪顶部，再自上而下修剪，上半部修完后，再从周围修剪，注意球形宽度与高度成比例。修剪时注意差苗强剪，等新萌发细枝长粗后二次修剪，保证球形更圆、更密。

(2) 灌木造型修剪

枝条较长、有主头的苗木，修剪形状灵活，可呈塔型、椭圆型或自然型。有明显主干的苗木，能预测未来长势，修剪时则中部主干留高，四周较低，剪成塔型，之后主干长粗后可慢慢剪矮，压低株高。枝形纤细、冠型疏漏者，在保持冠型（主枝最高）的情况下须重剪。

球形修剪的宽、高比要适宜

灌木修剪圆润自然

球形灌木修剪

成年造型树修剪侧重保持树形

灌木修剪无空脚

塔形修剪要自下而上细修

(3) 绿篱修剪

绿篱修剪应保证表面平整，线条要直，无凹凸现象，轮廓清晰，弧线要顺畅。

(4) 花灌修剪

以观花为主的灌木，它们的花芽都是在头一年枝条上形成的，因此修剪宜在5～6月开花过后进行。一年多次抽梢、多次开花的花灌木（如月季），可于休眠期对当年生枝条进行短剪，生长期也可多次修剪，于花后在新梢饱满芽处短剪。剪口芽很快萌发抽梢，形成花蕾开花，花谢后再剪，如此重复。要避免开花前修剪的错误做法。

观果的灌木应在摘果后进行修剪。观花灌木夏季修剪以疏枝整形为主，剪去交叉枝、徒长枝、密生枝、病虫枝及枯枝，以利通风透光，使养分集中。对花后残留枝梢可截短，促其生长，以利来年多开花。对于夏季开花的灌木（如玫瑰、木槿、紫薇等），它们是在当年春季发出的新梢上开花，所以修剪应在冬季落叶后进行。

绿篱修剪线条自然顺直

绿篱修剪轮廓清晰

绿篱修剪饱满

绿篱修剪饱满自然

绿篱修剪表面平整

绿篱修剪无坑洼

机械修剪绿篱轮廓

人工细修弧线过渡

3. 草坪修剪

草坪需适时适量进行打孔、切边、修剪工作，一次修剪量不可过重，在实践中可掌握 1/3 的原则，即每次修剪在草坪高度的 1/3 以内。如果草坪过高，不应一次剪到要求的标准高度，正确的做法是少量多次，逐渐达到需要的效果。冷季型草坪修剪高度一般为 5 ～ 8cm，冬季和高温季节修剪高度为 8 ～ 10cm，并减少修剪频率。暖季型草坪在夏季应多剪，修剪高度为 5cm 左右，如百慕大草坪、马尼拉草坪、大叶油草等。对于不同功能的草地，果岭草坪修剪高度应控制在 0.5cm 左右，高尔夫球道、足球场草坪 2 ～ 4cm，观赏草坪 4 ～ 6cm，公路护坡 8 ～ 13cm。

剪草机刀刃要锋利，叶片切口要整齐。剪草前要清除草坪内杂物（特别是硬物），以免损伤刀片。初春返青期、盛夏休眠期、深秋枯黄前一个月，严禁过度剪割，一般不剪。在草坪较干旱时修剪，避免在正午炎热时修剪。草坪出现传染病害后，一般不能剪。草坪修剪后要及时清除剪下的草叶，否则影响美观，且易滋生病菌。

过厚草坪修剪应少量多次

暖季型草坪修剪均匀

修剪时确保剪口平整

修剪后草叶及时清除

（二）水分管理

水分管理主要是对植物进行浇灌、排水，减少耗水、提高水的利用率等。要达到浇灌的目的，方法、浇水时间、用量是不可分割的因素。

1. 浇灌方法

在园林绿地中，常用的浇灌方式包括喷灌、胶管浇灌等。喷灌以其经济、高效而应用得越来越广泛，特别适用于灌木丛、草本植物和草坪。其喷洒面积大而均匀，基本上不会引起地表径流，可减少对土壤的破坏和土壤流失，同时可提高空气湿度、降低温度，工效高，节省管理用工。大面积的绿地更适宜采用喷灌，但必须先进行喷管的安装。胶管浇灌操作灵活，特别是小范围的绿地，但用工多，容易引起地表径流、水土流失。

2. 浇水量

浇水量可从土壤质地、气候情况和植物特性 3 个方面来决定。在实践中要灵活掌握，把握"见干见湿、灌饱浇透"的原则。同量的水，一次深灌比 2 ～ 3 次浅灌维持的时间更为长久。在盐碱地绿地浇水时，一定要浇大水、浇透水，最忌小水喷淋。灌水时，要以缓流延时浇灌，给够、浇透，保证土壤的浸润深度达到 40 ～ 60 cm。对返盐较重的地区应加大浇水量，特别是围堰定根水浇灌要及时，苗木种植后的第一次淋水，水量要确保土壤饱和。

3. 浇水时间

浇水时间主要取决于温度。在夏天温度较高时，应避开高温时间，最好在 11：00 前和 15：00 后。冬天在早上与傍晚温度较低时不宜浇水，应在接近中午温度较高时浇水。

4. 灌溉注意事项

雨季要注意通过透气管观察树木是否积水，并及时引排。时花等弱小植物避免大水直接冲刷，以免冲倒植物和冲掉花朵；新种树木要多淋树身、树叶，减少水分蒸发。灌溉可考虑城市中水循环利用，以节约资源，但应注意水质，不能用污水。

滨海地区土壤盐碱化的主要原因是盐分过高，所以绿化养护的一个重要措施就是降低土壤盐分。根据"大水压碱、小水引碱"的治盐经验，要做到"晴天水泵加压、早晚大水勤浇灌、大雨天及时疏通排水、小雨天反而要灌水"，因为小雨将地表盐分溶至根层，会引起根细胞水分外渗，死苗现象更为严重。

在盐碱地周围修筑堰塘储存雨水，用雨水对盐碱地进行淋洗，可以在一定程度上加快土壤脱盐的速度。滨海盐碱地区淡水资源相对紧张，园林绿化中应充分利用雨水资源。

可在土地周围修筑堰塘汇集雨水，分次对土地进行淋洗，这样就可以使得土壤的盐分降低到一个合适的范围之内。

洒水车淋水

人工胶管淋水

草坪地被喷灌

（三）肥料管理

根部追肥

1. 施肥方式

(1) 根部追肥

在植物的生长周期中，追肥一般在苗期、旺盛生长期、开花前后及果实膨大期间进行。在年周期中，一般在开春天气转暖、园林植物生长高峰到来前和秋季根生长高峰前施入。以观花为主的植物，可在开花前和花后施用。

(2) 叶面追肥

在植物生长季节，根据植物生长情况，把较单一的化学肥料用水按一定比例稀释后，用喷雾器及时喷洒在叶面，直接被树叶吸收利用，作为土壤施肥的一种补充（如用硫酸钙、尿素溶液喷洒）。

叶面追肥

施肥后浇水

2. 施肥要点

由于树木根群分布广，吸收养料和水分全在须根部位，因此施肥位置要在根部四周，但不要过于靠近树干。可采用挖坑或开槽的方法，位置要开在树冠垂直投影的边缘，肥料不能与粗根接触，施后将沟（穴）填平。施肥深度视根的深度而定，一般为 25cm，根系强大、分布较深远的树木，施肥宜深，范围宜大，如银杏、合欢等；根系浅的树木施肥宜稍浅，范围宜小，如小叶榕、一般灌木等。叶面施肥后要及时清扫残留颗粒，以免灼伤叶片并浇水灌溉。

施肥的原则是“少量多次，薄肥勤施”，最忌集中过量施肥。滨海地区土壤盐碱含量本来就高，且华南地区温度高、辐射强、水分蒸发量大，海水倒灌返盐严重，园林绿化的土壤改良与培肥地力要紧密结合，这样既能加快改良利用，又能很好地巩固工程改土治碱的成果。选择肥料时，应注意其酸碱性，重视餐厨垃圾腐熟等有机酸性肥料的使用，采用无机肥料与有机肥料相结合的方法来对土壤进行养护，使得土壤之中的水、温度以及营养含量达到一个相对均衡的状态，这样可以改善土壤的结构、增强土壤的肥力、提高植物存活率，满足苗木生长需要。

要注意肥料的喷洒时间，不要在高温时施用，应选择晴天或阴天的 8:00 或 18:00 前后喷施。施肥后（尤其是追化肥）必须及时适量灌水，使肥料渗入土内。沙地、坡地、岩石易造成养分流失，施肥应适当加深。

施肥时应把握好肥料浓度，移栽大树萌发新叶后，可结合浇水施入氮肥（最好是氮磷钾复合肥），浓度一般为 0.2% ～ 0.5%。叶面的施肥以 1kg 尿素溶入 200kg 水中的浓度为宜。

（四）常见病虫害防治

病虫害的防治是园林植物养护管理的重要环节。病虫害要以预防为主，定期做好喷药防治工作，迅速有效地防治危害，保证植物的绿化功能及美化作用，避免经济损失。

病虫害的防治必须贯彻“预防为主，综合防治”的植物保护方针。在城市市区，要尽可能采用综合防治技术，控制化学农药的用量，把污染降低至最小程度。

1. 植物栽培技术防治

合理施肥、灌溉和排水，保持土壤肥力及良好的透气性能，促进植物健壮生长，提高植物的抗病虫害能力。及时中耕除草，保持绿地清洁；及时清理病虫潜藏和越冬场所，杀灭其内病虫；定期检查绿地植物，剪除病虫枝，拨除中心病虫株，集中处理，减少或消除病虫侵染源，防止蔓延。

2. 物理机械防治

人工捕杀、刮刷病虫。在天牛虫发生期，人工捕杀成虫；在其产卵的刻槽或初期蛀食部位锤击杀灭卵或幼虫。人工用两块板拍击害虫幼虫虫苞、茧、蛹或虫瘿，击杀害虫。在蛀干害虫的幼虫、蛹发生时期，用钢丝钩杀蛀食隧道内的幼虫或蛹。

人工捕杀、刮刷操作时，不要损伤树干内皮及过多损伤树体，刮刷时要干净彻底。刮刷或摘除虫体、病体时要及时收集，妥善处理或集中烧毁，不得乱丢乱放。

刮除病斑的伤口处应进行消毒，然后涂保护剂（如铅油或波饵多浆）。消毒剂可用 5 度(波美)石硫合剂、不脱酚酰油或升汞液(升汞一份、盐一份、水一千份，配时先将升汞、盐溶于少量水中，要加水至规定量）。

3. 化学防治

农药的合理使用要做到对症下药，施药前要准确诊断，确定防治对象的类型，选择适宜的药剂施用方法和浓度；适时施药，要在病虫发生的关键时期施用；安全用药，特别应防止人、畜中毒，或造成环境污染、植物药害等。

选用高效、低毒、低残毒农药，或选用特异性农药、无公害农药，比如用生物体组成成分氨基酸、脂肪酸、核酸等合成的农药，及昆虫的生理活性物质——性外激素、保幼激素等合成的农药。选用乳剂或微粒剂等高效型农药，尽量采用污染小或无污染施药技术，如树干注射、涂茎等方法。

4. 常见病虫害及防治措施

(1) 常见病害及防治措施

①白粉病。叶片的表面出现白色粉状霉层，严重时整个叶片、新梢布满白色粉状物，之后叶片枯焦脱落，常见于米兰、九里香、小叶紫薇等植物。注意透光，避免栽植过密，

早期病叶即可摘除，发病期可喷施退菌特、波美度石硫合剂。

②枯枝病。在枝干出现溃疡病斑，病斑最初为小斑点，病斑中心变为浅褐色蔓延至整个枝干。园林中的小叶榕、月季、桉树、茶树较易发病，可剪除病枯枝，喷百菌清、多菌灵。

③黑斑病。叶片上初生黑褐色放射状近圆形病斑，后期病斑上出现黑色小颗粒，即病菌的分生孢子盘，发病严重时叶片脱落。大王椰子、月季、美人蕉、草坪较易发病，应及时清除落叶和病株烧毁,并喷洒波尔多液。

月季枯枝病

小叶紫薇白粉病

苏铁枯枝病

九里香白粉病

月季黑斑病

枇杷叶斑病

④锈病。叶片的背面首先出现锈状霉层，用手抹擦后，手指上会留下铁锈色粉末，后期整个叶片布满铁锈状粉末。美人蕉、龟背竹、鸢尾等易发锈病，发病期间要喷施敌锈灵、粉锈灵等。

美人蕉锈病

鸡蛋花锈病

(2) 常见虫害及防治措施

①叶蝉。秋枫常受叶蝉虫害，受害时植株叶尖先干枯，然后整块叶片干枯、脱落。老叶被害后，叶色变浅，并无明显脱落现象。园林中可利用黑光灯诱杀成虫或喷施敌百虫。

叶蝉

②金龟子。樟树、香樟、桃花心木等植株上可见金龟子，有的以植物根茎叶为食，损害叶片。园林中常喷洒氧化乐果、敌百虫液防治。

金龟子

③蚜虫。蚜虫可使紫荆、夹竹桃、木槿、大红花、月季等枝叶变形、生长缓慢且停滞，甚至落叶枯死，出现斑点、卷叶、皱缩、虫瘿等，易诱发煤污病。园林中可喷施 40% 氧化乐果、10% 吡虫啉可湿性粉剂、毒死蜱等。

月季蚜虫

④红蜘蛛。红蜘蛛易使罗汉松、福建茶等植株叶片失绿、叶缘向上卷翻，以致焦枯、脱落，造成花蕾早期萎缩、严重时植株死亡。园林中常加强施肥，施用氧化乐果、石硫合剂或利用天敌瓢虫等方法防治。

红蜘蛛

⑤蚧壳虫。大王椰子、樟树、广玉兰、米兰、茉莉、含笑等植株受蚧壳虫害时，叶片发黄、枝梢枯萎、树势衰退，且易诱发煤污病，危害叶片、枝条或果实。发病初期及时喷施杀虫剂，如国光蚧必治、毒死蜱等。

米兰蚧壳虫

⑥刺桐姬小蜂。刺桐受害时叶片、嫩枝畸形、坏死，严重时引起大量落叶，甚至植株死亡。可修剪受害枝叶或施用虫线清乳油。

鸡冠刺桐姬小蜂

⑦天牛。天牛产卵时能使树木内部受到幼虫的蛀蚀，天牛还会汲取树液，咀食枝叶，特别是小叶榄仁、桃花心木等，易受天牛虫害。可喷洒氧化乐果乳剂或用 2.5% 溴氰菊酯与凡士林按 1:5 混合，在树干 1.5 ～ 2m 处涂抹药环，毒杀成虫。

天牛

⑧木虱。木虱会汲取树汁，危害小叶榕、盆架子等树枝、树叶，使树叶发黄、枯萎。可使用内吸性杀虫剂（如马拉硫磷）杀虫。

鸭脚木木虱

挂输营养液

大树钻孔后挂输营养液

小叶榕打药

棕榈植物打药

杀菌

地被喷药

地被打药

地被杀菌

（五）防风、降盐尘

1. 防台风

(1) 台风前防护

苗木的植株形态对其抗风性能有着重要的影响，园林建设中除了优选具有较好抗风性能且灾后恢复能力较高的树种外，还要注重树木的修剪。树冠修剪要在不影响整体树形和大树骨架的基础上进行，既提高乔木的抗风性能，也保证树木的观赏特性和景观效果。对于生长速度极快的乔木，应注意树冠的透风性修剪，培养抗风树干骨架、树枝结构及树冠形状，从根本上提高乔木的抗风性。对于树冠浓密、根浅的树种（如小叶榕、黄槿等），要加强修剪，针对树木本身承受力，梳理树冠内过多分枝，调整合理根冠比，避免树大招风，达到抗台风的目的。

华南滨海地区夏、秋季节台风频发，在台风来临之前，要对树木做好防风的准备。要加强树木的检查，对抗风能力差的浅根性树种（如紫荆、黄槐等）要检查其支撑情况，及时再次加固。发现死树枯枝及时清除，以防被台风刮倒、刮折造成损伤或事故。发现树冠过于郁闭的树木，要及时修剪。

刚柔结合支护体系

柔性支撑装置

台风前加固支撑

台风后及时扶正

(2) 台风后抢救

在台风过程中，如有树木吹倒，影响行人或车辆行驶，应立刻把树木搬移，待风后再进行处理。风后要对树木进行清理，吹倒或吹歪的树木要扶正，连根拔起的要重新种植等。台风抢救前，先对绿化受灾情况进行等级评估，针对性地提出不同受灾程度绿化区域的抢救措施。对于植株大部分折断损伤的苗木应及时补栽，补栽前要先回收死树，挖掘死树必须取出树兜，不得留桩砍断，埋兜土中。补栽应使用同品种、同规格的大苗，补栽后要在树干或树冠的明显位置做好标记，以便复水时辨认，注意不能漏浇复水。台风灾后的抢救重在及时、全面，具体抢救过程中还应加强不同部门间的协同联动。

2. 降盐尘

滨海区域风多、风大，携带大量的盐尘、粉尘，在风和重力的作用下，海水中的盐分附着在植物上，盐雾中的盐离子沉降在树叶上，易对植物造成生理性干旱，逐渐加重植株所受的盐碱危害，抑制植株的光合作用，通常表现为叶片出现叶缘盐害症状、焦枯、植株逐渐脱水甚至枯死等现象。盐雾沉降不仅危害植物的正常生长及景观效果，还可能腐蚀园林构筑设施，出现室外钢结构表层锈蚀等情况，影响整体观感。

在滨海地区的园林绿化中，一般早春浇返青水前，先要清除地表积累的盐尘，避免盐尘随水渗入到土壤。整个生长季节还要多次向叶面喷水，冲洗掉叶片表面附着的盐尘、粉尘等污物，保持叶片光洁，提高光合效率。

对于室外的钢结构园林构筑设施，为防侵蚀，可清理金属表面后先刷无极富锌底漆1～2道，再喷环氧封闭漆、厚浆型玻璃鳞片涂料1～2道，并喷刷面漆2～3道。滨海地区的绿化建设及后期养护，应保证雾炮洒水车定期降尘洗盐。

植株日常淋水洗盐

盐雾对植物的腐蚀危害

盐雾对园林建筑的腐蚀危害

（六）中耕除草

滨海盐碱地土壤有机质含量低,土壤碱、瘦，易板结，适时对土壤进行翻松，可以增加土壤的通透性，提高土壤的温度，降低土壤湿度。松土于每年4～10月进行，一般在浇水后地面板结时和夏季降大雨后进行，保持土壤疏松、空气流动。翻松一般可在土壤浇灌之后或是雨水淋洗之后进行，破坏土壤之中的毛细管，使地下水中的盐分不会随着地下水的上升返回地表，有利于降低土壤盐分，提高植物对土地的适应性。松土用锄头在树冠投影范围内进行，深度一般为 5 ～ 8cm，以不伤根为限。花坛春、秋季每月松土 1 次，夏季每半月 1 次。草坪土壤易板结，须经常松土，可使用 7 ～ 9 齿钉耙纵向依次将土挖松，每半月松土 1 次，松土时不要翻乱草茎。松土时应距杆茎有一定距离，株行中间宜深锄，近苗木处应浅锄，严禁损伤苗木根茎、干皮和嫩芽。夏季中耕一般同时结合除草一起进行，秋后可结合施肥。

清除杂草可采用人工拔除、机械修剪除草或化学防治（施用除草剂）等。除草要掌握“除早、除小、除了”的原则，大面积除草可用锄头挖松表土，拣出草根、抖掉宿土、刨平地面。也可用小花撬或其他工具掘出草根，切忌扯草留根。对于未栽草坪的绿地（带），可只除高荒性及蔓生碎草，剪平矮性碎草，覆盖露土。花坛除草要注意不要碰断花枝，清除的碎草、残花、枯叶、砖石要及时清运。栽有草坪的碎草要经常剔除，以防滋生蔓延，保持草皮的纯度。碎草生长旺盛，应每周除草 1 次，剔除的碎草要及时清理，不能边挖边丢，影响草坪美观。使用化学除草剂除草，应先经过小规模试验成功后方能使用，以免损毁草坪。操作时要注意选择无风晴朗的天气，不能将药剂喷洒到树枝、树叶上，以免造成药害。

（七）防晒、防寒

在高温炎热季节，为避免水分蒸发，要给不耐晒的植物或是新种植的植物搭遮阴棚（如遮阴网、包树身等），注意整体美观，且大小、高度统一。依据不同植物的物候期，苗木移植时尽量避开高温暑天，反季节移植更需做好防晒、防寒措施（如及时加大定根水浇灌量等）。

冬季如遇到寒流，气温较低时，有些植物（如海南洒金榕、龙船花、白掌、露兜树等，还有部分棕榈科植物）就易造成伤害，此种情况就要做好防寒工作。防寒的方法有薄膜遮盖、包树身等。必要时可在树穴覆一层地膜，既保温、保湿，又能起到防冻的作用，一般在 3 月底拆除。如需喷洒植物防冻剂，则要提前喷洒。总体来说，要加强日常管理维护工作，把“零缺陷、零失误、零离差”作为一种管理、技术和理念上的标尺。

附录 华南滨海地区园林植物推荐名录

蕨类植物

序号	科	属	植物名称	拉丁名
1	卤蕨科	卤蕨属	卤蕨	*Acrostichum aureum* L.
2	卤蕨科	卤蕨属	尖叶卤蕨	*Acrostichum speciosum* Willd.
3	肾蕨科	肾蕨属	肾蕨	*Ephrolepis auriculata* (L.) Trimen
4	藤蕨科	藤蕨属	美丽藤蕨（罗蔓藤蕨）	*Lomariopsis spectabilis* (Kunze) Mett.

裸子植物

序号	科	属	植物名称	拉丁名
1	苏铁科	苏铁属	苏铁	*Cycas revoluta* Thunb.
2	南洋杉科	南洋杉属	南洋杉	*Araucaria cunninghamii* Ait. ex Sweet
3	南洋杉科	南洋杉属	异叶南洋杉	*Araucaria heterophylla* (Salisb.) Franco
4	松科	松属	湿地松	*Pinus elliottii* Engelm.
5	松科	松属	马尾松	*Pinus massoniana* Lamb.
6	松科	松属	黑松	*Pinus thunbergii* Parl.
7	柏科	刺柏属	圆柏	*Juniperus chinensis* Linnaeus
8	罗汉松科	竹柏属	竹柏	*Nageia nagi* Kuntze
9	罗汉松科	罗汉松属	罗汉松	*Podocarpus macrophyllus* (Thunb.) D. Don.

被子植物——双子叶植物

序号	科	属	植物名称	拉丁名
1	木兰科	木兰属	荷花玉兰	*Magnolia grandiflora* L.
2	木兰科	含笑属	含笑花	*Michelia figo* (Lour.) Spreng.
3	樟科	樟属	香樟	*Cinnamomum camphora* (L.) Presl
4	樟科	木姜子属	潺槁木姜子	*Litsea glutinosa* (Lour.) C. B. Rob.
5	莲叶桐科	莲叶桐属	莲叶桐	*Hernandia nymphiifolia* (Presl) Kubitzki
6	金鱼藻科	金鱼藻属	金鱼藻	*Ceratophyllum demersum* L.
7	睡莲科	睡莲属	睡莲	*Nymphaea tetragona Georgi*
8	番杏科	海马齿属	海马齿	*Sesuvium portulacastrum* (L.) L.

序号	科	属	植物名称	拉丁名
9	番杏科	番杏属	番杏	*Tetragonia tetragonioides* (Pallas) Kuntze
10	马齿苋科	马齿苋属	马齿苋	*Portulaca oleracea* L.
11	蓼科	海葡萄属	树蓼（海葡萄）	*Coccoloba uvifera* (L.) L.
12	藜科	盐角草属	盐角草	*Salicornia europaea* Linnaeus
13	藜科	碱蓬属	南方碱蓬	*Suaeda australis* (R. Br.) Moq.
14	苋科	青葙属	鸡冠花	*Celosia cristata* L.
15	苋科	千日红属	千日红	*Gomphrena globosa* L.
16	千屈菜科	萼距花属	细叶萼距花	*Cuphea hyssopifolia* Kunth
17	千屈菜科	紫薇属	紫薇	*Lagerstroemia indica* L.
18	千屈菜科	紫薇属	大花紫薇	*Lagerstroemia speciosa* (L.) Pers.
19	千屈菜科	千屈菜属	千屈菜	*Lythrum salicaria* L.
20	海桑科	海桑属	杯萼海桑	*Sonneratia alba* Smith
21	海桑科	海桑属	无瓣海桑	*Sonneratia apetala* B. Ham.
22	海桑科	海桑属	海桑	*Sonneratia caseolaris* (L.) Engl.
23	石榴科	石榴属	石榴	*Punica granatum* Linnaeus
24	柳叶菜科	月见草属	海滨月见草	*Oenothera drummondii* Hook.
25	柳叶菜科	月见草属	美丽月见草	*Oenothera speciosa* Nutt.
26	紫茉莉科	叶子花属	簕杜鹃（三角梅）	*Bougainvillea glabra* Choisy
27	山龙眼科	银桦属	银桦	*Grevillea robusta* A. Cunn. ex R. Br.
28	海桐花科	海桐花属	台湾海桐	*Pittosporum pentandrum* var. *formosanum* (Hayata) Z. Y. Zhang & Turland
29	海桐花科	海桐花属	海桐	*Pittosporum tobira* (Thunb.) W. T. Aiton
30	大风子科	刺篱木属	刺篱木	*Flacourtia indica* (N. L. Burman) Merrill
31	大风子科	箣柊属	箣柊	*Scolopia chinensis* (Lour.) Clos.
32	天料木科	天料木属	红花天料木	*Homalium hainanense* Gagnep.
33	柽柳科	柽柳属	柽柳	*Tamarix chinensis* Lour.
34	西番莲科	西番莲属	龙珠果	*Passiflora foetida* L.
35	仙人掌科	金琥属	金琥	*Echinocactus grusonii* Hildm
36	仙人掌科	仙人掌属	仙人掌	*Opuntia dillenii* (Ker Gawler) Haworth

序号	科	属	植物名称	拉丁名
37	山茶科	荷树属	木荷	*Schima superba* Gardn. et Champ.
38	桃金娘科	红千层属	垂花红千层（串钱柳）	*Callistemon viminalis* G. Don
39	桃金娘科	红千层属	红千层	*Callistemon rigidus* R. Br.
40	桃金娘科	番樱桃属	红果仔	*Eugenia uniflora* L.
41	桃金娘科	白千层属	白千层	*Melaleuca leucadendra* (L.) L.
42	桃金娘科	蒲桃属	海南蒲桃（乌墨）	*Syzygium cumini* (L.) Skeels
43	桃金娘科	蒲桃属	红车	*Syzygium hancei* Merr. et Perry
44	桃金娘科	蒲桃属	洋蒲桃	*Syzygium samarangense* (Bl.) Merr. et Perry
45	玉蕊科	玉蕊属	玉蕊	*Barringtonia racemosa* (L.) Spreng.
46	野牡丹科	野牡丹属	细叶野牡丹	*Melastoma intermedium* Dunn
47	野牡丹科	蒂牡花属	蒂牡花	*Tibouchina aspera* Aubl.
48	野牡丹科	蒂牡花属	巴西野牡丹	*Tibouchina semidecandra* Cogn.
49	使君子科	榄李属	红榄李	*Lumnitzera littorea* (Jack) Voigt
50	使君子科	榄李属	榄李	*Lumnitzera racemosa* Willd.
51	使君子科	榄仁树属	榄仁	*Terminalia catappa* L.
52	使君子科	榄仁树属	小叶榄仁	*Terminalia mantaly* H. Perrier
53	使君子科	使君子属	美洲榄仁（莫氏榄仁）	*Terminalia muelleri* Benth.
54	红树科	木榄属	木榄	*Bruguiera gymnorrhiza* (L.) Savigny
55	红树科	木榄属	海莲	*Bruguiera sexangula* (Lour.) Poir
56	红树科	角果木属	角果木	*Ceriops tagal* (Perr.) C. B. Rob.
57	红树科	秋茄树属	秋茄	*Kandelia obovata* Sheue, H. Y. Liu et J. W. H. Yong
58	红树科	红树属	红树	*Rhizophora apiculata* Bl.
59	红树科	红树属	红海兰	*Rhizophora stylosa* Griff.
60	藤黄科	红厚壳属	琼崖海棠（红厚壳）	*Calophyllum inophyllum* L.
61	杜英科	杜英属	尖叶杜英	*Elaeocarpus apiculatus* Mast.
62	杜英科	杜英属	水石榕	*Elaeocarpus hainanensis* Oliver.
63	梧桐科	瓶树属	澳洲火焰木	*Brachychiton acerifolius*

序号	科	属	植物名称	拉丁名
64	梧桐科	银叶树属	银叶树	*Heritiera littoralis* Dryand.
65	梧桐科	苹婆属	假苹婆	*Sterculia lanceolata* Cav.
66	梧桐科	苹婆属	苹婆	*Sterculia nobilis* Smith
67	木棉科	木棉属	木棉	*Bombax ceiba* Linnaeus
68	木棉科	吉贝属	美丽异木棉	*Chorisia speciosa* St. Hih
69	锦葵科	木槿属	朱槿（大红花）	*Hibiscus rosa-sinensis* L.
70	锦葵科	木槿属	木槿	*Hibiscus syriacus* Linnaeus
71	锦葵科	木槿属	黄槿	*Hibiscus tiliaceus* L.
72	锦葵科	肖槿属	杨叶肖槿	*Thespesia populnea* (L.) Sol. ex Corr.
73	大戟科	铁苋菜属	红桑	*Acalypha wilkesiana* Muell.-Arg.
74	大戟科	五月茶属	五月茶	*Antidesma bunius* Spreng.
75	大戟科	秋枫属	秋枫	*Bischofia javanica* Bl.
76	大戟科	秋枫属	重阳木	*Bischofia polycarpa* (H. Lévl.) Airy Shaw
77	大戟科	黑面神属	雪花木（白漆木）	*Breynia nivosa* Small
78	大戟科	变叶木属	变叶木	*Codiaeum variegatum* (L.) A. Juss.
79	大戟科	大戟属	斑地锦	*Euphorbia maculata* L.
80	大戟科	大戟属	光棍树（绿玉树）	*Euphorbia tirucalli* L.
81	大戟科	大戟属	龙骨（三角霸王鞭）	*Euphorbia trigona* Haw.
82	大戟科	海漆属	海漆	*Excoecaria agallocha* L.
83	大戟科	海漆属	红背桂	*Excoecaria cochichinensis* Lour.
84	大戟科	麻疯树属	麻疯树	*Jatropha curcas* L.
85	大戟科	珊瑚属	琴叶珊瑚	*Jatropha pandulifolia* Andre
86	大戟科	乌桕属	乌桕	*Sapium sebiferum* (L.) Roxb.
87	蔷薇科	石斑木属	厚叶石斑木	*Raphiolepis umbellata* (Thunb.) Makino
88	蔷薇科	蔷薇属	月季	*Rosa chinensis* Jacq.
89	含羞草科	金合欢属	台湾相思	*Acacia confusa* Merr.
90	含羞草科	金合欢属	银叶金合欢	*Acacia podalyriifolia* A. Cunn. ex G. Don
91	含羞草科	合欢属	南洋楹	*Albizia falcataria* (L.)Fosberg

序号	科	属	植物名称	拉丁名
92	含羞草科	朱缨花属	朱缨花	*Calliandra haematocephala* Hassk.
93	含羞草科	棋子豆属	大叶合欢	*Cylindrokelupha turgida* (Merr.) T.L.Wu
94	含羞草科	银合欢属	银合欢	*Leucaena leucocephala* (Lam.) de Wit.
95	苏木科	羊蹄甲属	红花羊蹄甲	*Bauhinia blakeana* Dunn
96	苏木科	羊蹄甲属	首冠藤	*Bauhinia corymbosa* Roxb.
97	苏木科	羊蹄甲属	宫粉羊蹄甲	*Bauhinia variegata* L.
98	苏木科	云实属	刺果苏木	*Caesalpinia bonduc* (L.) Roxb.
99	苏木科	苏木属	华南云实	*Caesalpinia crista* L.
100	苏木科	云实属	洋金凤	*Caesalpinia pulcherrima* (L.) Sw.
101	苏木科	决明属	双荚决明（双荚槐）	*Cassia bicapsularis* L.
102	苏木科	决明属	黄槐决明	*Cassia surattensis* Burm.f.
103	苏木科	凤凰木属	凤凰木	*Delonix regia* (Boj. ex Hook.) Raf.
104	蝶形花科	相思子属	相思子	*Abrus precatorius* L.
105	蝶形花科	链荚豆属	链荚豆	*Alysicarpus vaginalis* (L.) DC.
106	蝶形花科	蔓花生属	满地黄金	*Arachis duranensis* A. Krapollickas et W. C. Gregory
107	蝶形花科	刀豆属	狭刀豆	*Canavalia lineata* (Thunb.) DC.
108	蝶形花科	刀豆属	海刀豆	*Canavalia maritima* (Aubl.) Thou.
109	蝶形花科	鱼藤属	鱼藤	*Derris trifoliata* Lour
110	蝶形花科	山蚂蝗属	三点金	*Desmodium triflorum* (L.) DC.
111	蝶形花科	刺桐属	鸡冠刺桐	*Erythrina crista-galli* L.
112	蝶形花科	刺桐属	刺桐	*Erythrina variegata* L.
113	蝶形花科	红豆属	海南红豆	*Ormosia pinnata* (Lour.) Merr.
114	蝶形花科	水黄皮属	水黄皮	*Pongamia pinnata* (L.) Pierre
115	蝶形花科	紫檀属	紫檀	*Pterocarpus indicus* Willd.
116	蝶形花科	豇豆属	滨豇豆	*Vigna marina* (Burm.) Merr.
117	金缕梅科	枫香树属	枫香	*Liquidambar formosana* Hance
118	金缕梅科	檵木属	红檵木	*Loropetalum chinense* (R. Br.) Oliv. var. *rubrum* Yieh

序号	科	属	植物名称	拉丁名
119	杨梅科	杨梅属	杨梅	*Myrica rubra* (Lour.) Sieb et Zucc.
120	木麻黄科	木麻黄属	细枝木麻黄	*Casuarina cunninghamiana* Miquel
121	木麻黄科	木麻黄属	木麻黄	*Casuarina equisetifolia* L.
122	木麻黄科	木麻黄属	千头木麻黄	*Casuarina nana* Sieber ex Spreng.
123	榆科	朴属	朴树	*Celtis sinensis* Pers.
124	榆科	榆属	榔榆	*Ulmus parvifolia* Jacq.
125	桑科	桂木属	面包树	*Artocarpus communis* J. R. Forst. et G. Forst.
126	桑科	波罗蜜属	波罗蜜	*Artocarpus heterophyllus* Lam.
127	桑科	榕属	高山榕	*Ficus altissima* Bl.
128	桑科	榕属	垂叶榕	*Ficus benjamina* L.
129	桑科	榕属	黄金垂榕	*Ficus benjamina* L. 'Golden Leaves'
130	桑科	榕属	花叶垂榕	*Ficus benjamina* L. 'Variegata'
131	桑科	榕	橡胶榕	*Ficus elastica* Roxb. ex Hornem
132	桑科	榕属	异叶榕	*Ficus heteromorpha* Hemsl.
133	桑科	榕属	榕树	*Ficus microcarpa* L. f.
134	桑科	榕属	黄金榕	*Ficus microcarpa* L. f. 'Golden Leaves'
135	桑科	榕属	菩提榕	*Ficus religiosa* L.
136	桑科	榕属	心叶榕	*Ficus rumphii* L.
137	鼠李科	马甲子属	马甲子	*Paliurus ramosissimus* (Lour.) Poir.
138	胡颓子科	胡颓子属	胡颓子	*Elaeagnus pungens* Thunb.
139	芸香科	九里香属	九里香	*Murraya exotica* L.
140	楝科	米仔兰属	米仔兰	*Aglaia odorata* Lour.
141	楝科	麻楝属	麻楝	*Chukrasia tabularis* A. Juss.
142	楝科	非洲楝属	塞楝（非洲楝、非洲桃花心木）	*Khaya senegalensis* (Desr.) A. Juss.
143	楝科	楝属	苦楝	*Melia azedarach* L.
144	楝科	木果楝属	木果楝	*Xylocarpus granatum* Koenig
145	无患子科	倒地铃属	倒地铃	*Cardiospermum halicacabum* L.

序号	科	属	植物名称	拉丁名
146	无患子科	车桑子属	车桑子	*Dodonaea viscosa* Jacquin
147	漆树科	人面子属	人面子	*Dracontomelon duperreanum* Pierre
148	漆树科	芒果属	扁桃	*Mangifera persiciformis* C.Y. Wu et T. L. Ming
149	漆树科	黄连木属	黄连木	*Pistacia chinensis* Bunge.
150	五加科	幌伞枫属	幌伞枫	*Heteropanax fragrans* (Roxb.) Seem.
151	五加科	鹅掌柴属	辐叶鹅掌柴（澳洲鸭脚木）	*Schefflera actinophylla* (Endl.) Harms
152	五加科	鹅掌柴属	花叶鹅掌藤	*Schefflera arboricola* (Hayata) Merr. ‘Hong Kong Variegata’
153	伞形科	天胡荽属	天胡荽	*Hydrocotyle sibthorpioides* Lam
154	伞形科	天胡荽属	南美天胡荽	*Hydrocotyle vulgaris* L.
155	杜鹃花科	杜鹃属	西洋杜鹃	*Rhododendron indicum* (L.) Sweet
156	杜鹃花科	杜鹃属	锦绣杜鹃	*Rhododendron pulchrum* Sweet
157	山榄科	铁线子属	人心果	*Manilkara zapota* (L.) Van Royen
158	紫金牛科	蜡烛果属	桐花树（蜡烛果）	*Aegiceras corniculatum* (L.) Blanco
159	马钱科	灰莉属	灰莉	*Fagraea ceilanica* Thunb.
160	木犀科	连翘属	花叶连翘	*Forsythia suspensa* var. *variegata*
161	木犀科	女贞属	女贞	*Ligustrum lucidum* Ait.
162	木犀科	女贞属	银姬小蜡	*Ligustrum sinense* Lour. ‘Variegatum’
163	木犀科	木犀榄属	尖叶木犀榄	*Olea europaea* L. subsp. *cuspidata* (Wall. ex G. Don) Cif.
164	木犀科	木犀属	桂花	*Osmanthus fragrans* (Thunb.) Lour.
165	夹竹桃科	黄蝉属	软枝黄蝉	*Allamanda cathartica* L.
166	夹竹桃科	黄蝉属	黄蝉	*Allamanda neriifolia* Hook.
167	夹竹桃科	长春花属	长春花	*Catharanthus roseus* (L.) G.Don
168	夹竹桃科	海杧果属	海杧果	*Cerbera manghas* L.
169	夹竹桃科	夹竹桃属	夹竹桃（欧洲夹竹桃）	*Nerium oleander* L.
170	夹竹桃科	鸡蛋花属	红鸡蛋花	*Plumeria rubra* L.
171	夹竹桃科	鸡蛋花属	鸡蛋花	*Plumeria rubra* L. ‘Acutifolia’

序号	科	属	植物名称	拉丁名
172	夹竹桃科	狗牙花属	狗牙花	*Tabernaemontana divaricata* (Linnaeus) R. Brown ex Roemer & Schultes
173	夹竹桃科	黄花夹竹桃属	黄花夹竹桃	*Thevetia peruviana* (Pers.) K. Schum.
174	萝藦科	牛角瓜属	牛角瓜	*Calotropis gigantea* (L.) Dryand. ex Ait.f.
175	茜草科	丰花草属	糙叶丰花草	*Borreria articularis* F.N.Williams
176	茜草科	丰花草属	丰花草	*Borreria stricta* (L. f.) G. Mey.
177	茜草科	海岸桐属	海岸桐	*Guettarda speciosa* L.
178	茜草科	长隔木属	长隔木	*Hamelia patens* Jacq.
179	茜草科	龙船花属	龙船花	*Ixora chinensis* Lam.
180	茜草科	巴戟天属	海滨木巴戟（海巴戟）	*Morinda citrifolia* L.
181	茜草科	玉叶金花属	粉纸扇（粉叶金花）	*Mussaenda hybrida* cv.Alicia
182	茜草科	玉叶金花属	粉花玉叶金花	*Mussaenda hybrida* Hort.
183	茜草科	五星花属	五星花	*Pentas lanceolata* (Forsk.) K.Schum
184	茜草科	瓶花木属	瓶花木	*Scyphiphora hydrophyllacea* Gaertn.
185	茜草科	白马骨属	六月雪	*Serissa japonica* (Thunb.) Thunb.
186	忍冬科	忍冬属	忍冬（金银花）	*Lonicera japonica* Thunb.
187	菊科	芙蓉菊属	芙蓉菊	*Crossostephium chinense* (L.) Makino
188	菊科	鳢肠属	鳢肠	*Eclipta prostrata* (L.) L.
189	菊科	老虎皮菊属	天人菊	*Gaillardia pulchella* Foug.
190	菊科	栓果菊属	匐枝栓果菊	*Launaea sarmentosa*（Willd.）Sch. Bip. ex Kuntze
191	菊科	阔苞菊属	阔苞菊	*Pluchea indica* (L.) Less.
192	菊科	蟛蜞菊属	蟛蜞菊	*Wedelia chinensis* (Osbeck) Merr.
193	菊科	百日菊属	百日菊（百日草）	*Zinnia elegans* Jacq.
194	白花丹科	补血草属	补血草	*Limonium sinense* (Girard) Kuntze
195	车前草科	车前草属	车前草	*Plantago asiatica* L.
196	草海桐科	草海桐属	草海桐	*Scaevola sericea* Vahl.
197	紫草科	基及树属	基及树（福建茶）	*Carmona microphylla* (Lam.) G. Don

序号	科	属	植物名称	拉丁名
198	茄科	枸杞属	枸杞	*Lycium chinense* Mill.
199	茄科	碧冬茄属	矮牵牛	*Petunia hybrida* Vilm.
200	旋花科	番薯属	厚藤	*Ipomoea pescaprae* (L.) R.Br.
201	玄参科	香彩雀属	香彩雀	*Angelonia angustifolia* Benth.
202	玄参科	金鱼草属	金鱼草	*Antirrhinum majus* L.
203	玄参科	玉芙蓉属	红花玉芙蓉	*Leucophyllum frutescens* I.M.Johnst.
204	紫葳科	非洲凌霄属	非洲凌霄	*Pandorea ricasoliana* (Tanf.) Bail. ex K. Schum.
205	紫葳科	炮仗花属	炮仗花	*Pyrostegia venusta* (Ker-Gawl.) Miers
206	紫葳科	火焰树属	火焰树	*Spathodea campanulata* Beauv.
207	爵床科	老鼠簕属	老鼠簕	*Acanthus ilicifolius* L.
208	爵床科	鸭嘴花属	鸭嘴花	*Adhatoda vasica* Nees
209	爵床科	穿心莲属	穿心莲	*Andrographis paniculata* (Burm. f.) Nees
210	爵床科	火焰花属	焰爵床	*Phlogacanthus pyramidalis* R. Ben.
211	爵床科	芦莉草属	翠芦莉	*Ruellia brittoniana* Leonard
212	爵床科	黄脉爵床属	黄脉爵床	*Sancheria nobilis* Hook. f.
213	苦槛蓝科	苦槛蓝属	苦槛蓝	*Myoporum bontioides* (Sieb. et Zucc.) A. Gray
214	马鞭草科	海榄雌属	白骨壤（海榄雌）	*Avicennia marina* (Forsk.) Vierh
215	马鞭草科	大青属	苦郎树	*Clerodendrum inerme* (L.) Gaertn.
216	马鞭草科	假连翘属	假连翘	*Duranta repens* L.
217	马鞭草科	马缨丹属	蔓马缨丹	*Lantana montevidensis* (Spreng) Briq.
218	马鞭草科	豆腐柴属	钝叶臭黄荆	*Premna obtusifolia* R. Br.
219	马鞭草科	牡荆属	单叶蔓荆	*Vitex trifolia* L. var. *simplicifolia* Cham.
220	唇形科	鞘蕊花属	彩叶草	*Coleus blumei* Benth.
221	唇形科	鼠尾草属	鼠尾草	*Salvia japonica* Thunb.

被子植物——单子叶植物

序号	科	属	植物名称	拉丁名
1	水鳖科	海菖蒲属	海菖蒲	*Enhalus acoroides* (L. f.) Richard ex Steudel

序号	科	属	植物名称	拉丁名
2	水鳖科	喜盐草属	喜盐草	*Halophila ovalis* (R. Brown) J. D. Hook.
3	水鳖科	苦草属	苦草	*Vallisneria natans*
4	眼子菜科	眼子菜属	尖叶眼子菜	*Potamogeton oxyphyllus Miq.*
5	眼子菜科	针叶藻属	针叶藻	*Syringodium isoetifolium*
6	鸭跖草科	紫万年青属	紫背万年青	*Tradescantia spathacea* Swartz
7	旅人蕉科	鹤望兰属	鹤望兰	*Strelitzia reginae* Aiton.
8	姜科	山姜属	花叶艳山姜	*Alpinia zerumbet* (Pers.) B. L. Burtt et R. M. Smith 'Variegata'
9	美人蕉科	美人蕉属	大花美人蕉	*Canna generalis* Bailey
10	美人蕉科	美人蕉属	美人蕉	*Canna indica* L.
11	竹芋科	再力花属	再力花	*Thalia dealbata* Fras.
12	百合科	天门冬属	天门冬	*Asparagus cochinchinensis* (Lour.) Merr.
13	百合科	山菅兰属	山菅兰	*Dianella ensifolia* (L.) DC.
14	百合科	山菅兰属	花叶山菅兰	*Dianella ensifolia* (L.) DC. 'Silvery Stripe'
15	百合科	龙血树属	海南龙血树	*Dracaena cambodiana* Pierre ex Gagnep.
16	百合科	萱草属	萱草	*Hemerocallis fulva* (L.) L.
17	百合科	沿阶草属	麦冬（沿阶草）	*Ophiopogon japonicus* (L.f.) Ker-Gawl.
18	百合科	吉祥草属	吉祥草	*Reineckia carnea* (Andr.) Kunth
19	百合科	虎尾兰属	虎尾兰	*Sansevieria trifasciata* Prain
20	雨久花科	梭鱼草属	梭鱼草	*Pontederia cordata* L.
21	天南星科	广东万年青属	广东万年青	*Aglaonema modestum* Schott ex Engl.
22	天南星科	海芋属	海芋	*Alocasia macrorrhiza* (L.) Schott
23	天南星科	喜林芋属	春羽	*Philodendron selloum* K. Koch
24	香蒲科	香蒲属	狭叶香蒲	*Typha angustifolia* L.
25	香蒲科	香蒲属	香蒲	*Typha orientalis* Presl.
26	石蒜科	文殊兰属	文殊兰	*Crinum asiaticum* L. var. sinicum (Roxb. ex Herb.) Baker
27	石蒜科	水鬼蕉属	水鬼蕉	*Hymenocallis littoralis* (Jacq.) Salisb.
28	石蒜科	葱莲属	风雨花（葱兰）	*Zephyranthes candida* (Lindl.) Herb.

序号	科	属	植物名称	拉丁名
29	鸢尾科	射干属	射干	*Belamcanda chinensis* (L.) DC.
30	鸢尾科	鸢尾属	鸢尾	*Iris tectorum* Maximowicz
31	龙舌兰科	龙舌兰属	龙舌兰	*Agave americana* L.
32	龙舌兰科	龙舌兰属	剑麻	*Agave sisalana* Perr.ex Engelm.
33	龙舌兰科	朱蕉属	亮叶朱蕉	*Cordyline fruticosa* (L.) A. Cheval. 'Aichiaka'
34	龙舌兰科	龙血树属	香龙血树	*Dracaena fragrans* (L.) Ker-Gawl.
35	龙舌兰科	缝线麻属	万年麻	*Furcraea foetida* (L.) Haw.
36	棕榈科	桄榔属	散尾棕	*Arenga engleri* Becc.
37	棕榈科	桄榔属	砂糖椰子（桄榔）	*Arenga pinnata* (Wurmb) Merr.
38	棕榈科	鱼尾葵属	鱼尾葵	*Caryota ochlandra* Hance
39	棕榈科	散尾葵属	散尾葵	*Chrysalidocarpus lutescens* H. Wendl.
40	棕榈科	琼棕属	矮琼棕	*Chuniophoenix nana* Burret
41	棕榈科	银扇葵属	老人葵	*Coccothrinax crinita* Becc.
42	棕榈科	椰子属	椰子	*Cocos nucifera* L.
43	棕榈科	油棕属	油棕	*Elaeis guineensis* Jacq.
44	棕榈科	酒瓶椰子属	酒瓶椰子	*Hyophorbe lagenicaulis* (L.H.Bailey) H.E.Moore
45	棕榈科	酒瓶椰子属	棍棒椰子	*Hyophorbe verschaffeltii* H.Wendl.
46	棕榈科	蒲葵属	蒲葵	*Livistona chinensis* (Jacq.) R. Br.
47	棕榈科	三角椰属	三角椰子	*Neodypsis decaryi* Jum.
48	棕榈科	水椰属	水椰	*Nypa fruticans* Wurb.
49	棕榈科	刺葵属	加拿利海枣	*Phoenix canariensis* Hort. ex Chab.
50	棕榈科	刺葵属	海枣	*Phoenix dactylifera* L.
51	棕榈科	刺葵属	刺葵	*Phoenix hanceana* Hort. et Wendl.
52	棕榈科	刺葵属	软叶刺葵（美丽针葵）	*Phoenix roebelinii* O'Brien
53	棕榈科	刺葵属	银海枣	*Phoenix sylvestris* Roxb.
54	棕榈科	国王椰属	国王椰子	*Ravenea rivularis* Jum. et H. Perr.
55	棕榈科	王棕属	大王椰子	*Roystonea regia* (Kunth) O.F. Cook

序号	科	属	植物名称	拉丁名
56	棕榈科	丝葵属	丝葵	*Washingtonia filifera* H. Wendl.
57	棕榈科	狐尾椰属	狐尾椰子	*Wodyetia bifurcata* A. Irvine
58	露兜树科	露兜树属	露兜树	*Pandanus tectorius* Sol.
59	露兜树科	露兜树属	红刺露兜树	*Pandanus utilis* Borg
60	灯心草科	灯芯草属	灯心草	*Juncus effusus* L.
61	莎草科	莎草属	风车草	*Cyperus alternifolius* L. subsp. *flabelliformis* (Rottb.) Küenth.
62	莎草科	莎草属	短叶茳芏	*Cyperus malaccensis* Lam. subsp. *monophyllus* (Vahl) T. Koyama
63	莎草科	莎草属	香附子	*Cyperus rotundus* L.
64	莎草科	飘拂草	佛焰苞飘拂草	*Fimbristylis spathacea* Roth
65	莎草科	藨草属	水葱	*Scirpus tabernaemontani* C. C. Gmel
66	禾本科	芦竹属	芦竹	*Arundo donax* L.
67	禾本科	芦竹属	花叶芦竹	*Arundo donax* L. var. *versiocolor* Stokes
68	禾本科	地毯草属	地毯草（大叶油草）	*Axonopus compressus* (Swartz) Beauv.
69	禾本科	簕竹属	观音竹	*Bambusa multiplex* (Lour.) Raeuschel ex Schultes et J. H. Schultes var. *riviereorum* R. Maire
70	禾本科	簕竹属	粉单竹	*Bambusa chungii* McClure
71	禾本科	狗牙根属	狗牙根	*Cynodon dactylon* (L.) Pers.
72	禾本科	乱子草属	粉黛乱子草	*Muhlenbergia capillaris* Regal Mist ('Lenca')
73	禾本科	黍属	铺地黍	*Panicum repens* L.
74	禾本科	狼尾草属	狼尾草	*Pennisetum alopecuroides* (L.) Spreng.
75	禾本科	芦苇属	芦苇	*Phragmites australis* (Cavanilles) Trinius ex Steudel
76	禾本科	米草属	大米草	*Spartina anglica* C. E. Hubbard
77	禾本科	钝叶草属	钝叶草	*Stenotaphrum helferi* Munro ex Hook. f.
78	禾本科	结缕草属	沟叶结缕草	*Zoysia matrella* (L.) Merr.

参考文献

[1] 丁朝华，范玲玲．树木移植成活的新理论、新技术和新方法 [J]．中国园林，2014, 30（03）: 106–110.

[2] 傅博杰 , 陈利顶 , 马克明 , 等．景观生态学原理及应用（第二版）[M]．北京：科学出版社，2018.

[3] 郭成源，康俊水 , 王海生．滨海盐碱地适生植物 [M]. 北京 : 中国建筑工业出版社，2013.

[4] 郭育文 . 园林树木的整形修剪技术及研究方法 [M]. 北京 : 中国建筑工业出版社 , 2012.

[5] 李旺南 . 大型乔木移植成活技术研究 [J]. 安徽农学通报 , 2012, 18（16）: 107–109.

[6] 林广思 . 华南滨海区主要抗风耐盐碱园林绿化植物及其种植要点 [J]. 林业调查规划，2004（03）:78–81.

[7] 刘洁，吴仁海．城市生态规划的回顾与展望 [J]．生态学杂志，2003，22（5）: 118–122.

[8] 王文卿 , 陈琼 . 南方滨海耐盐植物资源 [M]. 厦门 : 厦门大学出版社 , 2013.

[9] 肖洁舒 , 冯景环 . 华南地区园林树木抗台风能力的研究 [J]. 中国园林 , 2014, 30（03）: 115–119.

[10] 张乔松 , 张志红 , 丁锋 . 大树免修剪移植技术——一种颠覆传统的树木移植技术 [J]. 中国园林 , 2009, 25（03）: 87–90.

[11] 全国海岸带办公室《中国海岸带气候调查报告》编写组编 . 中国海岸带和海涂资源综合调查专业报告集 : 中国海岸带气候 [M]. 北京：气象出版社 , 1991.